資料科學
輕鬆學

Data Analytics Made Accessible

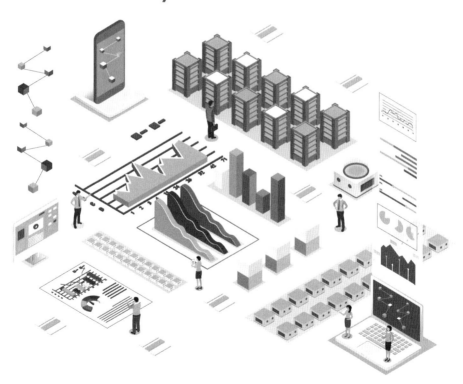

審稿人書評選錄

「Maheshwari 博士的這本著作是絕佳的資料分析入門簡介。他將概念解釋得十分清楚且切中要點，我特別喜歡關於決策樹和其發展流程的章節，他的説明非常清楚。」

——Ramon A. Mata Toledo 博士
維吉尼亞州詹姆斯麥迪遜大學電腦科學系教授

「這本書為資料分析的主題做了精彩又有價值的補充。整本書的結構清晰，我毫無猶豫地推薦本書作為『商業智慧』和『資料探勘』相關主題的碩士課程教科書。」

——Edi Shivaji 博士
密蘇里州聖路易斯市

「隨著全世界進入大數據模式，這本書不但寫得好，而且時間也剛剛好！對於那些明白大數據是未來趨勢、但不知從何著手的外行管理階層來説，這是絕佳的橋梁和入門知識！」

——Alok Mishra 博士
新加坡

「此書將一個複雜且非常重要的主題領域解釋得讓每個人都能理解，真的成就卓越。它簡單地從你所熟悉的概念開始切入，接著突然之間——你就發現了決策樹、迴歸模型和人工神經網路，還有集群分析、網路探勘和大數據的奧秘。」

——Charmaine Oak 女士
英國

「結論就是，對於有興趣學習資料分析的任何人來説，這本書就是你學習的起點，希望它激發你對此領域的興趣，能夠掌握更深入的主題並提高技能。」

——Keith S Safford
馬里蘭州

第二版前言

資料是新的石油，人工智慧是新的電力。在這十年之間，資料分析與人工智慧仍然是最熱門的學科。此增訂版的內容比第一版多了大約 40%，收錄了許多新的重要主題，例如資料隱私和人工智慧；針對忙碌的讀者，書中有一個摘要章節，用幾頁的篇幅將所有知識包含在 50 個要點中。這個版本收錄了一個很棒的樣本資料分析學生專案報告，使用了所有資料探勘技術來解決一個真正的社會相關問題，這對資料分析專業人士來說非常具有啟發性。

此增訂版更加靈活，因為內容經過更新，收錄了一些新技術的發展。資料倉儲的章節包含了資料湖的演變。迴歸章節也延伸並納入時間序列分析法。大數據的章節全部經過重新撰寫，以便展示其生態系統，以及這些技術如何解決大數據的 4V。

此增訂本還收錄了有關統計、資料庫和人工智慧的入門知識，以協助將它們與資料分析聯繫起來。R 的教學經過簡化。許多圖像或模型也經過重製，使它們更具吸引力。最後有一個摘要章節，以幫助讀者了解所有內容。

近十年來，我一直在教授資料分析和大數據的課程。我的學生發現其他教科書似乎太長、太技術化、太複雜或太專注於特定工具。我的目標是撰寫一本感覺輕鬆且內容豐富的對話書。這是一本通俗易懂的書，涵蓋了所有重要內容並附有具體範例，以邀請讀者深入探究此領域。許多人透過閱讀本書進入這個領域。任何因為業務或組織的需求而想了解資料相關決策的人，都可以在短時間內輕鬆閱讀本書，無需具備任何軟體工具方面的專業知識。文中幾乎完全沒有複雜的術語或程式碼。

這本書反映了我在學術界和工業界四個十年的全球 IT 經驗。這些章節是為典型的一學期碩士課程規劃的，每章的開頭都有來自真實故事的範例，並且有一個貫穿各章的案例研究作為練習。每章末尾都會有複習題。世界各地有許

多大學都使用本書作為課程的教科書。本書依據評論者和學生的想法和建議，不斷改善。感謝許多評論者分享了許多改進的想法，我很高興能夠提供新版來激發學生和領域從業者。

感謝我的家人鼓勵並支持我撰寫和改進這本書，我也感謝我的學生和其他閱讀本書並提供回饋和建議的人。最後，感謝 Maharishi Mahesh Yogi 提供了一個以意識為本的美好教育環境，為本書的寫作提供了整體的靈感。

我們也祝福讀者擁有幸福和健康的生活。新冠病毒疫情已經持續兩年了，請採取一切的預防措施來維持安全和健康的作息。

Anil K. Maheshwari 博士
美國愛荷華州費爾菲爾德市

目錄

PART I 基礎概念

CHAPTER

2 商業智慧與應用 025

CHAPTER

3 資料倉儲 041

CHAPTER

4　資料探勘搜集與選擇資料 051

PART II   熱門的資料探勘法

PART III　進階探勘

PART IV   進階要點和專題

CHAPTER

16   大數據 205

1

資料分析概觀

商業行為是執行滿足人們需求的生產力活動，並從中賺取收益，最終讓世界變得更美好。商業活動會經由紙張或電子媒體記錄下來，而這些記錄便成為資料。整體而言，從客戶的回應以及產業中皆能取得許多資料。所有這些資料經過特殊工具與方法的分析與探勘，便能歸納出模式（pattern）與智慧（intelligence），反應出商業活動的運作情形。這些模式接著回饋至企業成為新想法，進而演化並改善，更有效且有效率地滿足利害關係人之需求。這樣的循環會一直持續下去，造就資料、智慧和商業效率的指數性成長（圖1-1）。

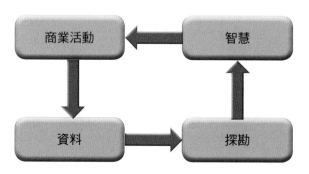

圖 1-1　商業智慧與資料探勘（BIDM）循環

商業智慧

任何企業組織都需要持續監看其商業環境與自身成效，然後迅速調整未來計劃。這包括了對產業、競爭者、供應商、以及客戶的持續監看。同時企業也需要發展出一套平衡記分卡（balanced scorecard）來追蹤其自身健康與活力。管理者通常會依據關鍵績效指標（KPI, Key Performance Index）或關鍵成效領域（KRA, Key Result Areas）來決定他們需要追蹤什麼，因此需要設計客製化的報表來將所需的資訊傳達給每個管理者。這些報表可以再轉換為客製化儀表板，能夠快速傳遞資訊並能一眼掌握。

《 案例｜魔球 － 運動領域的資料探勘 》

運動分析系統由於《魔球》（Moneyball）電影與小說而大受注目。《魔球》裡的統計學家 Bill James 與奧克蘭運動家球隊經理 Billy Bean，將重心放在數值計算以及大數據上，而不看重運動員的風格與外在。他們的目標是運用較少資源創造出更好的團隊。因此，他們的關鍵行動計劃便是以較低成本來挑選擔任重要角色的球員，避開要求較高薪但不保證為球隊帶來高投資報酬的明星球員。Bean 不仰賴球探的經驗與直覺，反而幾乎都是根據球員的上壘率（OBP）來挑選隊員。Bean 找尋的是高 OBP、卻被球探忽略的球員，他組織了一支價值被低估，但其實深具潛力的球隊。

運用這個策略，他們證明了預算有限的團隊也能具有競爭力 —— 奧克蘭運動家便是很好的例子。波士頓紅襪在採用相同棒球統計模型 2 年之後，於 2004 年首次贏得自 1918 年後從未贏得的世界大賽。（來源：《魔球》，2004 年）

問題 1：相同的技巧可以套用到足球或板球比賽上嗎？如果是，該如何做？

問題 2：從這個故事獲得的啟發是？

商業智慧是一套廣泛的資訊科技（IT）解決方案，它包含各種可針對使用者收集、分析與匯報資訊的工具，從而了解組織與環境的績效。這些 IT 解決方案對投資決策而言，是最優先的方案。

以一家在世界各地透過線上與實體商店，銷售各種商品與服務的零售連鎖企業為例，它會產生不同地區與時段的銷售、採購以及開銷的資料。分析此資料有助於找出熱銷的項目、區域性銷售商品、季節商品、快速成長的客層等等。它也有助於提出何種產品可以搭配銷售、哪些人傾向於購買何種產品等等想法。這些見解與情資，可以協助設計出更好的促銷計畫、產品搭售、以及店面陳列，進而打造出績效更佳的企業。

零售公司的業務副總想要追蹤每日銷售成績達成當月目標的狀況、每一家分店與各產品類別的績效，以及該月銷售最佳的店經理是誰。財務副總則有興趣追蹤每日營收、費用、以及各店的現金流；將這些數據與計劃相比較；評估資金成本等等。這些營運主管所需要的模式和情資都各自不同，需要量身訂製的資料組合。

辨識模式

模式（pattern）是有助於掌握現況的設計或模型，它可將看似無關的事物連結起來。模式有助於解析複雜事物，展露出更簡單易懂的趨勢。人類的許多學習的目標，都是為了弄清楚現實世界中的模式。模式也能像硬底子科學規則一般明確，就像太陽永遠從東方升起的規則一樣；它也可以是簡單的概括，如帕雷托法則（Pareto principle）指出，80% 的結果來自 20% 的原因。

完善的模式或模型是 (a) 可精確描述一種狀況、(b) 廣泛適用、並且 (c) 可用簡化的方式來描述的模型。$E=MC^2$ 便是一個通用、精確又簡化（GAS）的模型。但是，在單一模型中往往無法達到全部三項特質，尤其是在人類和社會環境中，因此只能退而求其次，接受達成其中兩項特質即可。

模式的種類

模式可以與時間相關，即會因時間經過而規律發生的某事。模式也可以與空間相關，例如以特定方式組織的事物。模式可以是功能性的，即執行某事就會導致特定效果。好的模式往往是對稱的，它們反應出基本結構以及我們已熟知的模式。

時間性的規則可以像是：不論什麼場合或時間，「有些人總是會遲到」。有些人可能知道這個模式，有些人可能不明白。了解這樣的模式有助於化解不必要的沮喪與憤怒。你可以開玩笑說有些人就是「晚十分鐘」出生，然後一笑置之。類似的範例還有帕金森定律（Parkinson's law），它指出工作量會一直增加到所有可用時間都被填滿為止。

空間模式與我們三維的現實相關。城市的規劃通常遵循市中心或鬧區的軸輻式模式，周圍環繞著住宅區。甚至整個國家都是圍繞著國家首都建構起來的，外圍一層層被較小單位（例如州）的首都城鎮所包圍。辦公室中的辦公桌的佈局可能會遵循一定的模式，例如四個隔間彼此相對，或者所有辦公桌都朝東。

功能性的模式則遵從 80-20 法則，例如排名前 20% 的客戶貢獻了 80% 的業務；或是 20% 的產品創造了 80% 的業務；或者 80% 的客服電話來電都與 20% 的產品相關。最後一項模式可能只是反應出某項產品功能和客戶產品預期之間的差異，企業依據此模式便可決定應該投資在教育客戶上，讓客服來電量能夠明顯降低。

有一種有趣的功能性模式或許與應試技巧相關。有些學生對論述類問題表現極佳，而些則擅長多重選擇題，而另一些學生則熱衷實作專案或口頭簡報。教師若能認知班上學生存在著各種模式，便有助於設計出對大家都公平的測驗機制。

然而，長期建立的模式也可能被打破，過去的經驗並無法永遠用於預測未來。像「所有天鵝都是白色」的模式，並不代表沒有黑天鵝的存在。一旦發現了足夠的異常，潛藏的模式也可能轉移。2008 ～ 2009 年間的經濟危機，也是因為廣為接受的「房價永遠會上漲」模式崩壞的緣故。無管制的金融環境將使市場更為不穩定，並導致市場更加動盪，最終造成整體金融系統的崩壞。Covid 病毒傳播的最新模式已經顯示出「波」的概念，任何國家和社區要宣布戰勝此病毒，都可能為時過早。

找出模式

鑽石開採是對大量未精煉的礦石進行探勘，以發掘出珍貴的寶石或塊金。同樣的，資料探勘（data mining）是針對大量的原始資料進行探勘，以發現獨特非凡的有用模式。資料需要經過整理，然後套用特殊工具與方法來找出模式。透過正確的角度深入清理且組織良好的資料，將能提高獲取正確發現的機會。

熟練的鑽石礦工知道鑽石長什麼模樣，同樣的，老練的資料探勘者也知道好的模式長什麼模樣。嫻熟商業領域是十分重要的，需要十足的知識與技巧才能發掘出模式。就像在大海撈針一樣，有時模式就隱藏在眾目睽睽之下。而有時則需要千辛萬苦、上山下海才能找到令人驚豔的有用模式。因此，運用系統化的方法來進行資料探勘，對有效率地揭露有價值的見解，是絕對必要的。

模式的運用

只要運用得當，資料探勘也可以導出有趣的見解，作為新想法與新措施的來源。

對大學來說，如何留住學生一直是項持續的挑戰。近期的資料研究顯示，學生離開學校大多是因為社交原因，而非學術上的理由。此一模式／見解將能促使學校更加重視學生參與課外活動，並與學校產生更強的連繫。學校可以投資於娛樂活動、各項運動、露營活動、以及其他活動，並且主動收集每位學生參與這些活動的資料，預測出有輟學風險的學生，並採取修正的行動。

另一個例子則是員工對雇主的態度，一般都認為這是取決於教育水準、工作年資、以及性別等多項因素。但可能令人大感意外的是，資料顯示這最主要取決於年齡層。如此簡單的見解運用在設計有效的企業組織，便可能發揮強大力量。資料探勘者必須對任何可能性保持開放的心態。

從行動電話（在車上）在高速公路上的移動位置，也能夠預測高速公路的交通模式。如果高速公路或公路上的行動電話位置移動得不夠快，或許就是塞車的徵兆。電信公司因此能夠提供即時交通訊息給駕駛的手機或其 GPS 裝置，而不需要藉助任何攝影機或交通記者。

同樣的，組織也可以透過員工的手機何時出現在停車場，來了解他們的到達時間。觀察公司停車場的出入證刷卡記錄，公司也可以得知某位員工某一刻是否在辦公室內，或者在辦公室待了多久。

有些模式可能非常稀少，需要極大量的多樣資料一起觀察，才能注意到其中的任何關連。舉例來說，尋找中途消失的飛機殘骸可能需要從眾多來源收集資料，例如衛星、船隻以及導航系統。原始資料或許品質水準不一，甚至互相衝突。手上擁有的資料也許並不足以找出好的模式，必須加入額外的資料層面，才有助於解決問題。

資料處理鏈

資料是新的自然資源。有人稱它為新的石油。隱含在此陳述中的，是對資料隱藏價值的認知。資料身處商業智慧的核心，需要遵循一系列的步驟才能以系統性的方式從中獲益。資料需要被收集、建立模型並儲存在資料庫中。相關的資料可從操作資料的單位汲取出來，再依照特定的報表與分析目的，儲存在資料倉儲（data warehouse）或資料湖（data lake）中。倉儲中的資料可以再跟其他來源的資料相結合，運用資料探勘法來探勘並產生新的見解。這些見解必須被呈現並且傳達給正確的受眾來協助他們將狀況視覺化。為了取得競爭優勢，這些見解也必須即時傳遞。圖 1-2 說明了資料處理活動的過程。本章後續部分也將介紹資料處理鏈中的這五個元素。

圖 1-2　資料處理鏈

資料

任何被記錄的事物都是資料。觀察與事實是資料。趣聞軼事與意見也是不同類型的資料。員工號碼、商業交易、股票價格、銀行對帳單等等，都是一種資料。課堂、假期、球賽、航班等公開日程也是另一種資料。Google 的搜尋關鍵字、網路流量也是一種資料。電話、社群媒體、email 等等社交對話也是另一種資料。

資料可能是數字，例如每日天氣的記錄，或是每日銷售額。資料也可以是文字，例如員工與客戶的名字。

- 資料可能來自任何數量的來源。它可以是來自組織內的營運記錄，也可以是來自產業機構或政府單位所編譯的記錄。資料可能來自個人記憶所述說的內容，或是人們與社會環境的互動。資料也可能來自記錄機器本身狀態的報表，或是網站使用狀況的日誌。

- 資料可以許多方式呈現。它可以是書面報表，或是儲存在電腦中的檔案。它可能是電話中所說的話，也可能是電子郵件或網際網路上的聊天。它可能是儲存在 DVD 中的電影與歌曲…等等。

- 還有一些是關於資料的資料。它被稱為描述資料（metadata）。舉例來說，人們經常上傳影片到 YouTube，描述資料包括了影片檔案的格式（不論是高解析或低解析檔案）、上傳時間的資訊、上傳的帳戶、下載影片的記錄、產生的廣告收益等等。Google 會針對你的影片提供許多這類的免費分析。

資料可以是不同類型。

- 資料可以是一組未排序的數值。例如，零售店販賣紅色、藍色與綠色的襯衫。這些顏色之間並沒有固定的排列順序。沒有人可以爭辯說哪一個顏色比其他顏色的價值要高或低。這稱為名目（nominal，意指「名稱」）資料。

- 資料可以是有順序性的數值，像是大、中、小。舉例來說，襯衫的尺寸可以是 XS、S、M 以及 L。我們可以清楚的知道 M 比 S 大，L 也比 M 大，但其間的差異不一定相等。這被稱為次序（ordinal，依序的）資料。

- 有一種資料類型是定義在某一範圍內的不連續數值，假設各數值間具有同等距離。客戶滿意度分數可以從 10 級來評等，1 表示最低，10 表示最高。這需要受訪者儘可能客觀地仔細評估整個範圍，再把他的評分放進量表中。這被稱為區間（interval，等距）資料。

- 數值資料也可以是全然的數值，稱為比值（ratio）資料，它可以是任何數值，包括小數。所有員工的體重與身高和年齡便是數值，襯衫的價格也是任何數值。這些被稱為比值（任何分數）資料。

- 還有另一種類型資料，其本身並無法做太多數學上的分析，至少無法直接分析。此種資料包括音訊、影片、以及圖檔，通常被稱為 BLOB（Binary Large Objects，二進位大型物件）。這樣的資料必須給予結構之後才能被分析。這類的資料需要透過「描述資料」來應用於不同類型的分析與探勘。歌曲可以被描述為快樂或悲傷、快節奏或慢板…等等。它們或許包含了感性與意圖，但這些並無法精確地量化。臉部辨識軟體可以將影像內容貼上標籤，以利搜尋。

資料的數字化程度提高，資料分析的「準確性」便會增加。比值資料可承受嚴謹的數學分析。例如，關於氣候、氣壓、與溼度的精確氣象資料，可用來建立嚴謹的數學模型，用於準確地預測未來的天氣。

資料可以是公開取得且互相分享的，也可能是標記為私密的。一般來說，個人資料的儲存和使用，在法律上享有「隱私權」。對於個人分享於社群媒體上的對話，屬於私密或可用於商業用途，一直有很大的爭議。Data.gov 是美國政府開放數據的官方儲藏庫。你可以在其中找到聯邦、州和地方資料，包括教育、健康、經濟、環境、人口普查和更多類型的資料。

「資料化」（Datafication）一詞，意指現今幾乎所有現象都會被觀察與儲存。更多裝置連結至網際網路，更多人經常性地透過他們的手機網路或網際網路，連結至「網格」（grid）。網路上的每個點擊、行動裝置上的每個動作，都會被記錄。引擎或冰箱等機器也在產生關於其運作狀態和其他參數等資料，這個「物聯網」（Internet of things）成長的速度比網際網路的人口還要快。上述所有一切，正以高速產生呈指數增長的資料量。奎德定律（Kryder's law）預測磁碟儲存裝置的密度與容量，以每 18 個月成長一倍的速度增加。儲存成本快速下降，更驅使人們以更高解析度記錄並儲存更多事件與活動。資料正在以更詳盡的解析度被儲存下來，更多的變數也被補捉儲存下來。

資料品質是另一個值得關注的領域。資料必須準確並與手邊的任務相關。因此，資料的及時性，是將見解快速回饋給企業中的一個重要面向。資料也應該足夠全面，以涵蓋任務的所有主要方面。最後，資料必須是內部一致的，

才不會導致不正確或不可行的值。這就需要稱為「資料庫」的正式資料管理系統。

資料庫

資料庫是模型化的資料集合，可運用多種方式進行存取。資料模型可以用來整合組織內的營運資料。資料模型會擷取出涉及某項活動以及相互關聯的關鍵實體（key entities），大部分現今的資料庫都遵循關聯式資料模型以及其變體。每一種資料建模方法都會實施嚴謹的規則與限制，以確保隨著時間過去它仍能保持完整一致。

以銷售部門為例，管理客戶訂單的資料模型便牽涉到客戶、訂單、產品、以及相互間關係的資料。客戶與訂單之間的關係可能像是：一位客戶可以下許多訂單，但一張訂單只會來自單一客戶。這便稱為一對多關聯性。訂單與產品之間的關係則稍微複雜些。一張訂單可能包含許多產品，而一項產品也可能包含在許多不同訂單內。這便稱為多對多關聯性。不同類型的關係可以在一個資料庫中架構成模型。

隨著時間的推進，資料庫已大幅成長，不僅在物件的數量以及其被記錄的屬性上皆愈加複雜，被儲存的資料量也變大了。十年前，TB（兆位元組）大小的資料庫已被視為很大，但現今的資料庫已是千兆位元組（petabytes）與艾位元組（exabytes）。影片與其他媒體檔案更是大大地助長資料庫的成長。電子商務與其他網路活動也產生了大量的資料。透過社群媒體所產生的資料也形成了龐大的資料庫。電子郵件、企業組織的內部文件，規模也是相當龐大。

市面上有許多資料庫管理軟體系統（DBMS）可用來協助儲存與管理資料。包括商用系統，例如 Oracle 與 DB2 系統。另外也有開源、免費的 DBMS，例如 MySQL 以及 PostgreSQL。這些 DBMS 可以用來處理與儲存每秒上百萬筆交易的有價值資料。

以下為一家全球性電影片商的簡單小型資料庫。它顯示了某一段期間的電影銷售。使用這樣的檔案，資料便能依需要加入、存取、更新或者刪除。

電影銷售資料庫				
訂單編號	銷售日期	產品名稱	地點	金額
1	2021 年 4 月	聖杯傳奇	美國	$9
2	2021 年 5 月	亂世佳人	美國	$15
3	2021 年 6 月	聖杯傳奇	印度	$9
4	2021 年 6 月	聖杯傳奇	英國	$12
5	2021 年 7 月	駭客任務	美國	$12
6	2021 年 7 月	聖杯傳奇	美國	$12
7	2021 年 7 月	亂世佳人	美國	$15
8	2021 年 8 月	駭客任務	美國	$12
9	2021 年 9 月	駭客任務	印度	$12
10	2021 年 9 月	聖杯傳奇	美國	$9
11	2021 年 9 月	亂世佳人	美國	$15
12	2021 年 9 月	聖杯傳奇	印度	$9
13	2021 年 11 月	亂世佳人	美國	$15
14	2021 年 12 月	聖杯傳奇	美國	$9
15	2021 年 12 月	聖杯傳奇	美國	$9

資料倉儲

資料倉儲是從整個企業組織而來、經過整理的資料儲存，特別設計用來協助制定管理決策。資料可以從營運資料庫中擷取出來，以回答一組特定的詢問。此資料再結合其他資料，一同向上彙整至一致的詳盡度，並上傳到另一個稱為資料倉儲的資料儲存所。因此，資料倉儲是營運資料庫的簡化版本，目的只為了製作報表以供制定決策所需。當愈來愈多的營運資料產生、取出並附加到資料倉儲中，資料倉儲中的資料便不斷成長。它不像營運資料庫，在資料倉儲中的資料值並不會更新。

隨著數據流量的增加，數據流和數據湖的概念變得越來越普遍。數據湖是包含大量不同類型數據的系統或存儲庫，通常採用原始或原生格式。這些數據湖可以為特定類型的分析提供數據。

假設我們要為電影銷售資料建立一個簡單的資料倉儲，其目的很簡單，是為了追蹤電影銷售來制定庫存管理決策。在建立此資料倉儲時，要從營運資料檔案中抓出所有銷售交易資料。資料將依所有的季度與產品編號進行整理，因此每一組的季度與產品會形成一橫列。產生的資料倉儲看起來會如下表：

電影銷售資料倉儲			
橫列 #	每季銷售	產品名稱	金額
1	Q2	亂世佳人	$15
2	Q2	聖杯傳奇	$30
3	Q3	亂世佳人	$30
4	Q3	駭客任務	$36
5	Q3	聖杯傳奇	$30
6	Q4	亂世佳人	$15
7	Q4	聖杯傳奇	$18

資料倉儲中的資料沒有交易資料庫那麼詳細。資料倉儲可設計成高度或低度詳盡程度（granularity）。如果資料倉儲是設計為依每月列示，而不是每季，那麼便會出現更多筆資料。當交易數量接近數百萬或更多時，而每筆交易有數十種屬性，資料倉儲也會變得龐大又豐富，深具潛在的見解。我們便可以使用許多不同方式來探勘此資料（拆解重組），發掘出獨具意義的模式。聚合資料有助於加快分析的速度，分開的資料倉儲則可讓分析分別平行進行，而不會加重營運資料庫系統的負擔（表 1-1）。

表 1-1　資料庫系統與資料倉儲的比較

層面	資料庫	資料倉儲
目的	儲存在資料庫中的資料可用於許多用途，包括日常營運	儲存在 DW（資料倉儲）中的資料是清理過的資料，適用於報表與分析
詳盡程度	包括所有活動與交易細節的高詳盡度資料	低詳盡度的資料；向上彙整至特定重點興趣層面
複雜度	高度複雜，存在數十或數百個以共同資料欄位互相連結的資料檔案	通常組織成一個大型事實資料表，以及許多查詢表
大小	資料隨著活動與交易量的成長而增加。舊的完成交易會被刪除以降低大小	隨著每日從營運資料庫而來的資料向上彙整並附加進來而成長，資料會保留下來供長期趨勢分析
架構選擇	關聯式、物件導向的資料庫	星型架構（Star schema），或雪花型架構（Snowflake schema）
資料存取機制	主要透過 SQL 這類高階語言。傳統程式存取 DB 是透過開放資料庫互連（ODBC, Open DataBase Connectivity）介面	透過 SQL 存取；SQL 輸出會轉送至報表工具以及資料視覺化工具

資料探勘

資料探勘是從資料中發掘有用創新模式的一門藝術與科學。在資料中可找到各式各樣的模式，有許多不論是簡單或複雜的方法，可用來協助找出模式。創造力的定義是「創造新奇有用的東西」。因此，資料探勘是一項非常具創意且引人入勝的活動。在資料中可以發現各式各樣的模式。有許多簡單或複雜的方法可以幫助找到模式。人們可以繼續使用資料來發現新的模式。

在這個範例中，簡單的資料分析法可以套用在上述資料倉儲的資料中。只要簡單的依季度與產品進行交叉表列，便能顯露一些輕易可見的模式。

數量 / 產品	亂世佳人	駭客任務	聖杯傳奇	合計銷售
		季度電影銷售－交叉表列		
Q2	$15	0	$30	$45
Q3	$30	$36	$30	$96
Q4	$15	0	$18	$33
合計銷售額	$60	$36	$78	$174

根據以上的交叉表列，我們便能回答某些產品的銷售問題，例如：

- 哪一部電影的銷售最好？**聖杯傳奇**。

- 該年銷售最高的季度是哪一季？ **Q3**

- 還有其他模式嗎？《**駭客任務**》電影只在 **Q3** 中銷售（季節性項目）。

前兩個問題屬於「管理報告」上的問題。此類資訊會定期使用傳統的管理資訊系統進行編譯和傳遞。上面的第三個問題是資料探勘問題。這些簡單的見解可以用來協助制定行銷推廣計劃，並管理電影產品庫存。

如果交叉表列的設計包含了客戶地點資料，你還可以回答其他問題，例如：

- 哪個地區銷售最佳？**美國**

- 哪個地區銷售最差？**英國**

- 還有其他模式嗎？**聖杯傳奇銷售全球，亂世佳人只在美國銷售。**

如果資料探勘只針對單一交易層面或甚至每月資料進行分析，便很容易忽略電影的季節性因素。不過，我們還是可以看出九月是銷售最佳的月份。

以上的例子可顯示，只要以不同方式分析資料，便能注意到許多差異點與模式。不過，有些見解會比其他的見解還重要，見解的價值取決於它所解決的問題。「某部電影在某一季度銷售更佳」的見解，有助於管理者規劃該專注在哪些電影產品上。在本例中，商店經理應該在第三季（Q3）多準備一些《駭客任務》的庫存。同樣的，知道哪一季的整體銷售額最高，便能針對該季度

做出不同資源的決策。在本例中，若 Q3 帶來超過一半以上的整體銷售額，便需要在第三季針對電子商務網站投入更多注意力。

選擇資料探勘專案

資料探勘應該用在解決高優先、高價值的問題。收集、整理並組織資料、運用許多方法進行探勘、分析結果，並找出正確的見解，都需要花費許多功夫。能夠從發掘見解中得到大量預期報酬是很重要的。我們應該選擇正確的資料組，將它整理成良好、具想像力的架構，將相關的資料整合起來，然後運用資料探勘法來推論出正確的見解。

零售公司可以進行許多不同種類的資料探勘專案。舉例來說，使用資料探勘法來決定哪些新產品類別可以加入哪些商店；如何增加現有產品的銷售；應該在哪些新地點開設店面；如何區隔客戶以進行更有效的溝通…等等。企業組織需要理出這些想法輕重緩急的順序，選擇預期收益最高的專案。

資料可依不同詳盡程度進行分析，並能導向大量的有趣資料組合與有趣的模式。有些模式或許比起其他更具意義，高細節度的資料通常都特別運用在金融與高科技領域上，使企業能比其他競爭者獲得更細微的優勢。

資料探勘方法

以下的簡單描述為一些最重要的資料探勘方法，可透過它們從資料產生見解。

決策樹：協助將母體（population）分類為不同類別（class）。類別的範例有高風險或低風險患者、高價值客戶或低價值客戶等。有人說所有資料探勘工作中有 70% 是關於分類；而所有的分類工作中有 70% 是使用決策樹。因此，決策樹是最受歡迎且最重要的資料探勘方法。有許多受歡迎的演算法可用來建立決策樹，它們依其機制各有不同，而且不同情況會運用不同方法。將多種決策樹演算法用在同一組資料上，並比較每一種決策樹的預測準確性，也是可能的。

迴歸（Regression）：這是統計領域中最為人所知的方法，目的是透過許多資料點找出最符合的曲線。最符合的曲線是可將實際資料點與曲線所預測數值之間的（誤差）距離縮至最小的曲線。迴歸模型可用來推斷未來，進行預測與估計。

人工神經網路（亦稱為類神經網路）（Artificial Neural Networks）：源自於人工智慧與機器學習領域，ANN 是多層非線性資訊處理模型，可從過去的資料中學習並預測未來的數值。這些模型能做出良好預測，因此現今廣受歡迎。此模型的參數可能不太直覺，因此，神經網路就像黑箱般不透明。這些系統也需要大量的過去資料，才足以訓練系統。如果資料是新的石油，那麼像 ANN 這樣的人工智慧系統就是新的電力。

集群分析（Cluster analysis）：這是用來分割與處理大型資料集的重要資料探勘方法。藉由分辨資料中特定的相似與不相似性，將資料集分割為特定數量的集群。資料中什麼才是正確的集群數量並沒有正確答案，使用者需藉由觀察選取的集群數量是否符合資料來做出決定。集群分析最常見是用於市場區隔，但也會用在醫療保健和其他領域上。不像決策樹或迴歸，集群分析並沒有正確答案。

關聯規則探勘（Association Rule Mining）：運用在零售業時也稱為購物籃分析（Market Basket Analysis），此方法會尋找資料值之間的關聯性。針對在同一個購物籃中經常一起出現的項目進行分析，將有助於產品交叉銷售並創造搭售產品。其中一個方法稱為「推薦」引擎。它會比對經常同時出現的特定活動，當 Netflix 推薦下一部電影，或者亞馬遜推薦下一項產品時，使用的便是這個方法。

資料視覺化

當資料與見解愈來愈多時，讓管理階層與決策者能即時吸收資訊的新需求便出現了。人類的理解與視覺能力有限，接受新資訊並採取行動的勇氣也有限，因此有很好的理由來使用數量較少、但與角色的關鍵結果領域（KRA）直接相關的關鍵變數進行優先級排序和管理。

以下是呈現資料時的幾項考量：

- 呈現結論，而不只是資料。

- 聰明地選擇適合資料的圖表配色。

- 整理結果以突顯焦點。

- 確認視覺呈現能夠正確反映出數據。不恰當的視覺呈現有可能造成不正確的闡釋與誤解。

- 使呈現方式獨特、可想像且可記憶。

管理者儀表板是一個通用性名詞，形容一種呈現相關資料的吸引人的方式，可以針對每位管理者選定的少數變數提供資訊。它們使用圖表、刻度盤、以及清單來顯示重要參數的狀態。這些儀表板也具有向下細分的能力，可針對例外狀況進行追根究柢的分析（圖 1-3）。

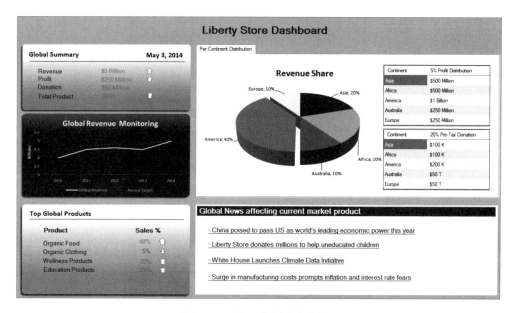

圖 1-3　管理者儀表板範例

資料視覺化在各專業學科之間一直是個有趣的問題,包括軍事歷史和地理探勘領域。《大憲章》(Magna Carta)是史上第一個主要的視覺化,而 Google Maps 則是目前最熱門的視覺工具。資料的諸多維度可以有效地呈現在二維平面上,為故事的全貌提供一個豐富且更精闢的描述。

圖 1-4 是法國製圖員 Joseph Minard 所繪製的圖表,呈現了拿破崙在 1812 年行軍至俄羅斯的經典故事。它涵蓋了六個維度。時間為水平軸。地理座標與河流也繪入了。條狀圖的厚度顯示各時間點的軍隊數量。一種顏色代表向前行軍,而另一種代表撤退。每一時期的氣候溫度則是呈現於底部的線條圖上。

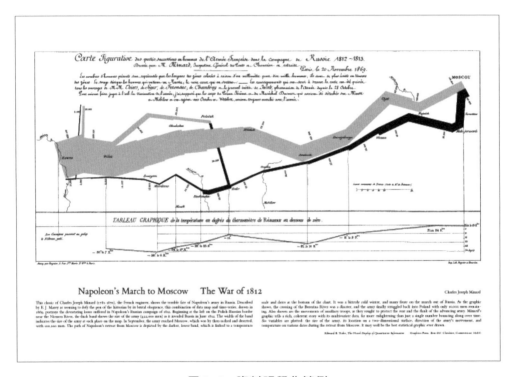

圖 1-4 資料視覺化範例

資料分析術語與行業 ⎯⎯⎯⎯⎯⎯⎯⎯⎯⎯⎯ ·····

市面上有許多重疊的術語。以下簡短列出最常用的熱門術語。

商業智慧（Business Intelligence）是商業導向的術語，決策科學（Decision Science）也是。商業智慧是運用資料分析得到的見解來制訂優良商業決策的領域。這是一項廣泛的類別，從某種意義上，它的組成包括了資料分析或資料探勘。

資料分析（Data Analytics）是技術導向的名詞，資料探勘（Data Mining）也是。兩者皆牽涉到使用方法與工具，從資料中找出新穎的有用模式。它將資料組織與模型化，以測試特定的假設或回答一個問題。機器學習與統計的知識，在此角色中十分有用。

大數據（Big Data）是特殊類型的資料。它非常龐大、快速且複雜。收集、儲存與管理所有這些資料來生成資料工作流（data pipeline）和資料湖是更具技術性的任務，並且需使用更多技術工具。這個領域對於較技術性的電腦工程師來說更具吸引力。雲端運算則是儲存與處理大數據的一項優秀方案。這些主題已超過本書範疇，可以參考我的另一本著作《認識大數據的第一本書》。

資料科學（Data Science）是誕生於 21 世紀初期的新學科，其範圍包括整個資料處理鏈。資料科學家在理想上應該熟悉此學科的所有層面，並專精於此領域的某部分。此領域是 IBM 以及其他少數公司所播下的種子。他們因為自身或客戶需求，在未來數年中需要運用到大量的資料科學。現在幾乎所有的大學都開設了資料科學課程，這有助於培養出資料科學家，這個職位也是近十年來被稱為最「性感」或搶手的職缺。

本書架構 ⎯⎯⎯⎯⎯⎯⎯⎯⎯⎯⎯⎯⎯⎯⎯⎯⎯⎯　• • • • •

第 1 章針對商業智慧與資料探勘提供整體概念，讓讀者能直覺地認識此一知識領域。而本書接下來的內容可區分為四個部分：

第一篇將介紹資料處理鏈。第 2 章介紹商業智慧以及它在各產業與功能上的各種應用。第 3 章說明何謂資料倉儲，以及它如何協助資料探勘。第 4 章將從資料探勘的主要工具與技術概觀來說明部分細節。第 5 章將說明由資料而來的見解，可經由視覺化的展現達到更好的溝通與消化。

第二篇將著重在核心資料探勘方法。每個方法都會經由詳細地解決一個案例來展示。第 6 章將展示決策樹的威力與簡單性，它是資料探勘中最受歡迎的方法。第 7 章將說明統計迴歸模型方法。第 8 章將提供類神經網路的概觀，它是一項多用途的機器學習法。第 9 章將說明集群分析如何協助市場區隔。最後，第 10 章將說明可協助找出購物模式的「關聯規則探勘」方法，也稱為「購物籃分析」。

第三篇是更進階的新主題。第 11 章將介紹「文字探勘」（Text Mining），它可協助從文字資料如社群媒體資料中，探勘出各種見解。第 12 章介紹「單純貝氏」（Naïve-Bayes）分類法，這是一項用來進行文字探勘（如過濾垃圾郵件）的分類方法。第 13 章介紹「支援向量機」（Support Vector Machines），它是一項運用嚴謹數學的分類方法，也運用在垃圾郵件與其他具高維度資料的應用程式上。第 14 章介紹成長中的網路探勘領域，其中包含了網站架構、內容與使用上的探勘。第 15 章介紹「社群網路分析」的概念，它可協助分析文字溝通與網路架構。

第四篇介紹相關議題的基礎。第 16 章將為新的「大數據」領域提供簡介。第 17 章是為了無任何資料庫背景的人而寫，可視為「資料建模」（Data Modeling）的入門課程。第 18 章是統計學的入門概論，涵蓋了相關性和變異數的概念，適合那些希望複習統計學知識的人。第 19 章是人工智慧的入門，這是當前最熱門、最具爭議的話題。第 20 章簡要概述了資料科學這項工作和所需技能。

自我評量 ......

- 試述商業智慧與資料探勘（BIDM）循環。

- 試述資料處理鏈。

- 何謂資料？資料有哪些類型？什麼是資料化？

- 何謂模式？模式有哪些類型？

- 鑽石探勘與資料探勘之間有何相似之處？

- 資料探勘有哪些不同的方法？其中哪些會與你目前的工作相關？

- 何謂儀表板？為什麼它需要被客製化？

- 請繪製一張視覺圖來展示你所在城市的氣候模式。你可以同時顯示出一週內的溫度、溼度、風向、以及雨／雪量嗎？

NOTE

PART I

基礎概念

這個部分涵蓋以下主題：

- 第 2 章介紹商業智慧概念，以及它在許多產業的應用。

- 第 3 章介紹資料倉儲系統，以及建立與管理它們的諸多方式。它也會提供資料湖的概述。

- 第 4 章介紹資料探勘整體概念、它的諸多方法，以及有效資料探勘該做與不該做的許多事。

- 第 5 章介紹資料視覺化，涵蓋各種方法與範例，並提出有效資料視覺化的經驗法則。

2

商業智慧與應用

商業智慧（BI）是包含了各種 IT 應用的概括性術語，用來分析組織中的資料，並對相關使用者溝通此訊息（圖 2-1）。這是第 1 章的同一張圖表，顯示出 BI 佔了 BIDM 循環的一半。

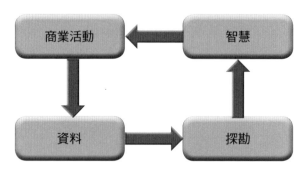

圖 2-1　BIDM 循環

生命與企業的本質是成長。而資訊則是企業的命脈。企業為了自身利益與成長，運用了許多方法來了解環境並預測未來。人們會依據事實與感情來做出決策。然而，一個人能知道、記住、憶起並使用的資料是有限的。資料分析系統可以從億萬個資料元素中運算出見解。而依據資料所做的決策會比基於感情更有效。根據精確資料、資訊、知識、經驗、以及測試所進行的行動、再加上新穎的見解，便極可能迎向成功與持續的成長。

人們自身的資料更值得信賴，也能成為最好的老師。因此，企業組織應該收集資料，篩檢、分析並好好探勘資料，找出諸多見解，然後再將這些見解融入營運程序中。

資料的周圍瀰漫著一股新的重要性與急迫感，因為它被視為新的天然資源。它可以被探勘出價值、見解、與競爭優勢。在萬物互相連結、有著無限關聯的虛擬世界中，資料以特定事件與屬性的形式，呈現著自然的脈動。熟練的商務人士會積極地運用此資料寶藏來掌握自然，並找出可成為獲利來源的新利基。

《 案例｜可汗學院（Khan Academy）－ BI 於教育上的應用 》

可汗學院是一家顛覆幼稚園至高中（K12）教育體系的創新非營利教育組織。它在 YouTube 上免費提供數千種主題的教學影片。在比爾蓋茲宣揚他使用可汗學院作為教育小孩的資源後，更是急速成名。整個教室因為這類的資源被翻轉了，亦即學生使用這些影片在家中進行基礎課程類的學習，而在教室的時間，則用來進行更多一對一的問題解決與教導。學生可以依自己的步調隨時取用這些課程。學生們的進度會被記錄下來，包括他們觀看哪些影片多少次、遇到什麼問題，以及他們在線上測驗所得的分數。

可汗學院也開發了一些工具來協助老師掌握學生的狀況。學校為老師們提供了一組即時儀表板，提供從宏觀層面（我的班級在地理課上的表現如何？）到微觀層面（某個學生是否熟練多角形？）的資訊。有了這些資訊，老師就能知道哪些學生需要協助。（來源：KhanAcademy.org）

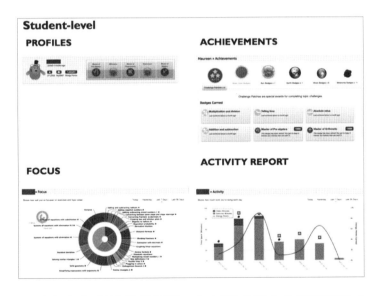

問題 1：儀表板如何增進教學經驗？如何提升學生的學習經驗？

問題 2：請設計一個能夠追蹤你工作 KPI 的儀表板。

BI 協助做出更好決策

未來存在著不確定性，VUCA 時代指的是易變（volatile）、不確定（uncertain）、複雜（complex）和模糊（ambiguous）的時代。風險則是處處充滿不確定與複雜性的隨機世界下之產物。人們使用水晶球、占星術、手相、土撥鼠、以及數學與數字來降低決策制定的風險，目的就是為了做出有效的決策，並且降低風險。企業依據一組廣泛的事實與見解來計算風險並制定決策。關於未來的可靠知識，將有助於管理者在低風險下做出正確的決策。

隨著網際網路的成長，行動的速度也呈指數型成長。在此超級競爭的世界中，決策的速度以及後續採取的行動將成為關鍵優勢。網際網路與行動科技使得決策在任何時間、地點下皆可制定。忽略快速的變動將可能威脅企業組織的未來。研究也顯示，社群媒體上對於公司與產品的負評，不應該長期置之不理。相對的，在社群媒體上出現的正面情緒表達，也應該好好利用，將它化為潛在的銷售與宣傳機會。

決策類型

決策類型主要有兩種：策略決策與營運決策。BI 可協助兩者做出更好的決策。策略決策是影響公司方向的決策。開發新客群的決定，便屬於策略決策。營運決策則偏向例行與戰略決策，著重在發展出更高的效率。在舊網站上更新功能便屬於營運決策。

在制定策略決策時，整體的任務和遠見可能是清楚的，但目標本身不一定清楚，達成目標的途徑也並不一定明確。這樣的決策之後果，在經過一些時間才會變得明朗。因此需要經常尋求能夠達成目標的新機會與新途徑。BI 可協助進行各種可能場景的模擬分析，也可以依據資料探勘所發掘的新模式，協助創造出新的想法。

營運決策可利用過去資料的分析而變得更有效率。運用過去實例資料可以建立一個模組化的分類系統，以此發展出良好的領域模型。此模型能協助改善未來的營運決策。BI 可以運用模型驅動的方式，藉由作出數百萬微觀層面的

營運決策,以協助自動化營運層級的決策制定,並增進效率。舉例來説,銀行可能會想運用基於數據的模型,以更科學化的方式來決定如何發放金融貸款。決策樹模型可提供一致的精確貸款決策。開發此類決策樹模型是資料探勘法的主要應用之一。

有效的 BI 擁有演化性元件,會隨著商業模型而逐步演變。當人們與組織做出行動,便會產生新的事實(資料)。目前的商業模型可運用新資料進行測試,然而這些模型也可能效果不彰。若是如此,決策模型便應該修正,並納入新的見解。一個永不止息、即時產生新見解的流程,可以協助作出更好的決策,因而成為顯著的競爭優勢。

BI 工具

BI 包含了各種軟體工具及方法,能提供管理者營運企業所需的資訊和見解。它可以提供目前狀態,並能夠在需要時向下細分。它能夠提供新興模式並預測未來。BI 工具包含了整條資料處理鏈,包括資料倉儲、線上分析處理、社群媒體分析、儀表板以及查詢。

BI 工具的範圍從簡單如個人使用工具,到提供十分廣泛且組合複雜功能的高度先進工具。因此管理者可以本身是 BI 專家,或者也可以仰賴 BI 專家為他們設定 BI 機制。因此,大型組織會投資昂貴先進的 BI 解決方案,為他們即時提供良好的資訊。

像微軟 Excel 這樣的試算表工具,也可以作為簡單而有效的 BI 工具。資料可下載並儲存在試算表中,經過分析以產生洞見,然後以圖形與表格形式呈現出來。此系統可以使用巨集以及其他功能來提供一定程度的自動化。其分析功能包括基本統計與財務功能。樞紐分析表可協助執行複雜的假設分析,並可安裝外掛模組來啟用有限的複雜統計分析。

像是 Tableau 這類的儀表板系統,則可以提供複雜的工具組合,用來收集、分析以及呈現資料。在用戶端,運用圖形化的使用者介面,便能輕易地設計並調整模組化的儀表板。而後端的資料分析能力則包含許多統計功能。儀

表板會連結後端的資料倉儲，以確保儀表板上的表格、圖形能即時更新（圖2-2）。

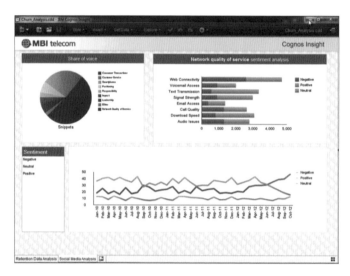

圖 2-2　管理者儀表板範例

資料探勘系統如 IBM Cognos Analystics 和 Oracle Business Intelligence 套裝軟體，則是提供套用廣泛分析模組於大型資料集的強力系統。開源系統如 Weka 和 R，則是旨在協助探勘大型資料以找出模式的熱門平台。

BI 技能

當資料成長超出我們可理解範圍時，便需要進化工具，BI 專家的想像力也需要跟著進化。「資料科學家」可說是近十年來最熱門的職位。

具備技術且經驗豐富的 BI 專家應該具有開放視野，能跳脫框架，打開光圈看到包含更多維度與變數的更寬廣視野，據此找出重要的模式與見解。面對問題必須從更寬廣的角度察看，從目前未必明顯的更多角度進行考量。對問題提出更具想像力的解決方案，以發展出有趣且有用的結果。

資料探勘與 BI 是相輔相成的。好的資料探勘專案都是從解決有趣的問題開始。選擇正確的資料探勘問題是一項重要的技能。此問題必須擁有足夠的價

值,才值得花費時間與金錢來解決它。為資料探勘與其他分析而進行的資料收集、整理、清理與準備,皆會花費許多時間與精力。資料探勘者對資料的模式探索必須持續不懈,也必須擁有深厚的技術層級才足以處理資料,從中產出有用的新洞見。

BI 應用

幾乎所有產業與功能都需要 BI 工具。各企業的資訊本質與行動速度各有不同,但現今每位管理者都必須掌握 BI 工具,以取得關於企業績效的最新指標。企業需要在其營運程序中納入新的見解,以確保他們的活動能以更有效率的實作持續演化。

就其對組織的好處而言,BI 有幾種類型的應用:

描述性分析對過去的資料進行分析,以深入了解所發生的事情。例如,將過去四個季度的產品銷售額視覺化,可以針對過去的表現進行描述。

診斷性分析對發生的事情進行根本原因之分析。例如,從總銷售數字向下探勘,以找出潛藏之表現不佳的產品或銷售人員,可以協助了解任何異常的原因。

預測性分析識別出可能構成有效未來行動基礎的非凡見解。例如,發現某些地區特定產品的銷售突然激增,可能代表市場仍有開發空間,可以採取行動以獲得市場優勢。

處方性分析用一組不斷從數據中學習的強大算法來推薦特定的行動方案。這些系統通常會使用複雜的人工智慧和機器學習演算法來模擬市場現象,並繼續了解其不斷變化的狀態,並預測未來的價值。例如,來自 Salesforce.com 的 Einstein AI 使一個企業組織能夠從當前的機會管道中,預測未來的銷售。

以下為 BI 與資料探勘的一些應用領域:

客戶關係管理

企業存在是為了服務客戶。感到滿意的客戶會成為常客。企業應該明白客戶的需求與情感，並向現有客戶販售更多公司所提供的內容，擴展企業所服務的客戶群。BI 應用可影響行銷的多個層面。

- **最大化行銷活動的回報**：根據從資料而來的分析，了解客戶的痛點，因此能確保行銷訊息已微調至能引起客戶更好的共鳴。

- **提高客戶留存率（流失分析）**：贏得新客戶比維持現有客戶更加困難且昂貴。依照每位客戶可能退出的狀況計分，有助於企業設計有效的介入行動，例如折扣或免費服務，運用具成本效益的方式來留住有利的客戶。

- **最大化客戶價值（交叉、追加銷售）**：每次與客戶的接觸，都應該視為評估他們目前需求的機會。依據推估的需求來提供客戶新產品與方案，有助於增加每位客戶的銷售額。甚至客戶的抱怨也可視為贏得客戶的機會。運用對客戶歷史與價值的了解，企業便能選擇對客戶販售優質服務。

- **辨識出高價值客戶並取悅他們**。透過區隔客戶，便能辨識出最佳客戶。企業可以主動連繫他們，以更多的關心與更好的服務來取悅他們，因而更有效地管理忠誠客戶方案。

- **管理品牌形象**。企業可以建立一則傾聽貼文，聆聽社群媒體對於企業自身的評論。接著便能進行文字的情感分析，了解評論的本質，並對狀況與客戶做出適當的回應。

醫療保健與健康

在先進經濟體中，醫療保健是一個極大的區域。實證醫學則是資料型醫療保健管理的最新趨勢。BI 應用程式可協助為各種疾病套用最有效的診斷與處方。它們還可以協助管理公共衛生議題，並減浪費與詐欺。

- **診斷疾病**：進行醫療行為時，首要步驟便是診斷疾病的成因。對患者來說，能精確地診斷出癌症或糖尿病病情，可說是生死攸關之事。除了患者目前

自身狀況外，還須考量許多其他因素，包括患者過去的健康狀況、用藥歷史、家族歷史、以及其他環境因素。這使得診斷不僅是科學，也是一門藝術。像 IBM 華生（Watson）這類的系統，吸收截至現今的所有醫學研究，以決策樹的形式作出機率診斷，並搭配完整的建議解說，這些系統消除了醫生在診斷疾病時大部分的猜測工作。

- **治療的有效性**：醫療處方與治療方式，在眾多可能性下，也是困難的選擇。舉例來說，光是治療高血壓便有超過 100 種藥物。哪些藥物與其他藥物搭配良好，而哪些不佳，這之間也有許多交互作用。決策樹可協助醫生得知這些交互作用，並開出更有效的治療處方。如此患者便能在較低併發症風險與成本下，更快速地恢復健康。

- **健康管理**：這包括追蹤患者健康記錄、分析客戶健康趨勢以及主動建議他們採取任何必要措施。諸如 Viome 這樣的公司，可檢測病患的唾液並為每個人客製營養補充劑方案。

- **管理詐欺與濫用**：很不幸地，某些開業醫師會對患者進行不必要的檢驗，並／或對政府和健康保險公司超額請款。異常報表系統可指認出這類醫師，並採取必要行動。

- **公共衛生管理**：公共衛生管理是每個政府的重要責任之一。使用有效的預測工具與方法，政府便能即時在某些地區針對疾病的肇始作出更佳預測，進而對疾病的對抗做出更好準備。如我們所知，Google 靠著追蹤某些詞彙（如流感、疫苗）在世界不同區域的使用，而預測某些疾病的移動。

- **藥物發現和研發**：BI 應用程式可以協助管理潛在藥物組合以及其治療某些疾病的有效性。它們也能協助管理臨床試驗。

教育

隨著高等教育變得昂貴且越來越競爭，它成了依據資料來制定決策的大用戶。在教育的各個層級上，對於效率、增加營收、以及改善學生體驗品質，皆有強烈的需求。

- **學生註冊人數（招募與維持）**：針對潛在新生的行銷，學校需要發展出最可能入學的學生檔案。學校可以開發出「哪類學生會受到此學校吸引」的模型，然後接觸這些學生。可能不會回到學校的學生將被標記，並可及時採取修正措施。

- **課程提供**：學校可以使用課程入學資料來開發「哪些新課程可能最受學生歡迎」的模型。這會協助增加班級人數、降低成本、並提高學生滿意度。

- **校友及其他捐贈者處募款**：學校可開發模型來預測哪些校友最可能承諾提供學校財務支援，並建立最可能承諾對學校捐款的校友檔案。這可減少郵寄和透過其他形式聯繫校友的成本。

- **客製化學習**：正如可汗學院案例所示，BI 系統可以協助跟蹤每個學生、每門課程或每位教師的進度。這有助於更有效的教學和學習。

零售業

零售組織的成長需要透過便利、即時、具成本效益的方式，提供符合客戶需求的品質保障產品。了解新興的客戶購物模式，將有助於零售業者規劃其產品、庫存、店面陳列、以及網頁的呈現來取悅他們的客戶，進而增加營收與獲利。零售業者會產生許多交易與物流資料，可據此診斷與解決問題。

- **最佳化不同區域的庫存量**：零售業者需要小心地管理其庫存。備有過多庫存會加高持有成本，而準備的庫存過低，則可能造成缺貨而失去銷售機會。動態預測銷售趨勢，將可協助零售業者將庫存移動至最需要的地點。零售企業可以將即時商品銷售資訊提給供應商，讓供應商能夠運送商品到正確地點以避免缺貨。

- **改善商店陳列與銷售宣傳**：購物籃分析有助於發展出哪些商品是最常一起銷售的預測模型。對各產品之間類同度的了解，有助於零售業者知道如何共同擺放這些產品。另一種方式，是將這些類同產品互相分開得更遠，讓客戶走過整個商店，進而瀏覽其他產品。搭售促銷折扣商品，也能促使銷售不佳的項目與銷售良好的商品一起賣出。

- **依季節效應安排最佳物流**：季節性產品可帶來利潤可觀的短期銷售機會，但也會增加季節結束後未售完庫存的風險。了解哪些產品在哪個市場正值當季，有助於零售業者動態管理價格，以確保庫存在該季節內售完。如果在某區域正下雨，那麼雨傘與雨衣的庫存便應該快速從不下雨的區域移動到該處以增加銷售。

- **減少保存期限造成的損失**：會腐壞的商品對即時處理庫存來說是一項挑戰。透過追蹤銷售趨勢，那些有「在期限內銷售不完」的風險之易壞商品，便能適當地進行折扣與促銷。

銀行業

銀行發放貸款，並對成千上萬的客戶提供信用卡。銀行對於增加借貸品質和減少壞帳最感興趣。他們也會想要留住更多好客戶，銷售更多服務給他們。

- **自動化借貸申請流程**：從預測貸款成功可能性的過去資料，便能建立決策模型。將這些置入商業流程中，便能自動化金融借貸審核的流程。

- **偵測詐欺交易**：世界各地每天產生數十億筆金融交易。偵測異常的模型可辨識出詐欺交易的模式。舉例來說，如果金錢首度被匯到不相關的帳戶，便有可能是詐欺交易。

- **最大化客戶價值（交叉、追加銷售）**。對既有客戶銷售更多產品與服務，往往是增加營收的最簡單方式。銀行可以提供更佳的房屋、汽車或教育貸款給記錄良好的支票帳戶客戶，如此一來該客戶所產生的價值便會增加。

- **利用預估做出最佳現金準備**。銀行必須維持特定的現金流，以符合人們可能的提領現金需求。運用過去資料以及趨勢分析，銀行便能預測應保留多少現金，並將其餘現金進行投資以賺取利息。

金融服務

證券經紀商是 BI 系統的重度用戶。依據取得資訊的準確性與即時性，可能賺得或失去財富。過去的資料可以用來開發數學模型，以便搶先於競爭對手之前預測出市場的狀況。

- **偵測債券與股票價格的變動**：預測股票與債券價格是金融專家與外行人最喜好的消遣。過去股票交易的資料以及其他變數，可用來預測未來價格模式。這有助於交易者研究長期交易策略。

- **評估事件對市場之影響**。運用決策樹所建立的決策模型，可評估事件影響對市場量與價格造成的變動。貨幣政策變動（例如聯邦儲備利率變動）或地緣政治變動（例如世界某地發生戰爭）可加入作為預測模型的因子，協助在採取行動時更具信心並減少風險。

- **辨識與避免交易中的詐欺行為**：過去曾發生許多內部交易案例，導致許多傑出金融產業忠貞分子銀鐺入獄。詐欺偵測模型會嗅出異常活動，協助發現並標示詐欺行為模式。

- **吸引和留住客戶**。了解高淨值客戶的需求，有助於從多種選擇中創建出獨特的投資組合，進而與客戶建立更深層次的關係，有助於留住客戶。

保險業

保險業在為保險產品制定價格和管理保險資產索賠損失方面，大量使用預測模型。

- **預估索賠成本以利更好的商業規劃**：遭遇天然災害如颱風與地震侵襲時，便會產生生命財產損失。使用最佳可用數據對此類事件發生的可能性（或風險）進行建模，保險公司可以有效地規劃損失並管理資源和利潤。

- **制訂最佳利率計劃**：為保險費率計劃定價時，需要彌補潛在損失並獲利。保險公司使用精算表來預測壽命，並使用疾病表來預測死亡率，因此能夠制定具競爭力同時能獲利的價格。

- **對特定客戶進行最佳行銷**：透過細微分割潛在客戶，精通數據的保險公司便能精挑出最佳客戶，將較無利潤的客戶留給競爭者。前進保險公司（Progressive Insurance）便是一家以主動使用資料探勘來精挑客戶並增加收益而聞名的美國公司。

- **辨識並防止詐領行為**。模式可用來辨識詐欺的地點和類型。基於決策樹的模型可用於識別和標記詐欺性索賠。

製造業和供應鏈管理

製造營運系統是帶有互相關聯子系統的複雜系統。從正常運作的機器，到擁有正確技能的工人，再到品質正確並在正確的時間送達的正確的組件，再到採購組件的資金，許多事情都必須順利進行。Toyota 著名的精實生產（lean manufacturing）企業，致力於運用即時庫存系統，以優化庫存投資並提高產品組合的靈活性。

● **發掘新穎模式以增進產品品質**：產品的品質也可以被追蹤，所得的資料可用來建立產品品質惡化的預測模型。許多企業，如汽車製造商，在發現產品出現具公共安全疑慮的瑕疵時，就必須回收其產品。資料探勘則有助於根本原因的分析，可用來找出錯誤的源頭，協助增進未來產品品質。

● **預測 / 預防機械故障**：從統計上來看，所有設備都可能在某一時點發生故障。預測哪台機器可能會失靈是個複雜的過程。使用過去的資料可建構出預估機械故障的決策模型，如此便能規劃預防性維護，並調整產能來配合保養工作。

● **管理供應鏈**：供應鏈已經變得全球化，並會受到環境、商業、政治和物流的干擾。BI 系統可用來追蹤每批貨物，以便根據需要重新安排路線，以提高客戶交貨和滿意度。

電信業

電信業的 BI 運用，不僅可協助客戶端，也可運用在營運網路端。關鍵 BI 應用包括客戶流失管理、行銷 / 客戶分析、網路故障以及詐騙偵測。

● **客戶流失管理**：電信客戶具有「搜尋到較好方案即更換電信公司」的趨勢。電信公司則傾向提供多項優惠與折扣來留住客戶。然而，他們必須決定哪些客戶有真正的跳槽風險，而哪些客戶只是想要爭取較好的條件。要提供哪些條件和折扣，應該將風險程度考慮進來。每個月都會有數百萬通此類的客戶來電，電信公司需要準備一致且具資料基礎的方式來預測客戶轉換的風險，然後在客戶來電的當下，即時做出營運決策。使用基於決策樹或神經網路的系統來指導電話客服人員，以一致的方式為公司做出正確決策。

- **行銷與產品規劃**。除了客戶資料外，電信公司也可以儲存來電細節資料（CDRs, call detail records），分析後可精確描述每位客戶的撥打習性。此獨特的資料便能用來分析客戶，然後依此為行銷活動規劃新的搭售產品 / 服務。電信公司會規劃套裝方案，有效地將許多客戶鎖在自家的網內。

- **網路故障管理**：電信網路故障不論是技術問題或是惡意攻擊，對於個人、企業與社會都具有破壞性的影響。在電信基礎建設中，某些設備通常在特定平均時間下即會發生故障。為網路各個元件建立故障模式的模型，有助於預防性的維護與容量規劃。

- **詐欺管理**：在客戶交易端有許多類型的詐欺。訂閱詐欺指的是客戶開立帳號，卻從未打算支付服務的費用。疊加詐欺（Superimposition fraud）則牽涉到非帳戶持有人所進行的非法行為。可制訂決策規則來即時分析每個 CDR，以辨識詐欺的可能，並採取有效的行動。

公共區域

政府憑藉其監管職能夠收集大量資料。這些資料可加以分析並開發出有效運作的模型。有無數的應用領域可以從探勘這些資料中受益。以下是數種應用範例。

- **執法**：社會行為比起人們想像的更有規律且可預測。舉例來說，洛杉磯警察局（LAPD）針對過去 80 年間 1 千 3 百萬筆犯罪記錄進行資料探勘，發展出犯罪會在何時何處發生的模型。藉由加強這些特定地區的巡邏，LAPD 因而能夠降低 27% 的財產犯罪。分析網際網路聊天也能學習並防止任何惡意的意圖。

- **科學研究**：任何大型研究資料的採集，皆適合用來探勘出模式以及見解。蛋白折疊（微生物學）、核反應分析（次原子物理）、疾病控制（公共衛生）都是資料探勘能產生強大新見解的一些範例。

- **公共衛生管理**：新冠疫情引起了人們的極大關注，在不引起恐慌的情況下向廣大公眾提供準確和相關的資訊是必要的。制定醫療標準和追蹤大流行活動的爆發將有助遏制疾病的傳播，並有助使用適當的政策選擇。

結論 ·····

商業智慧是一個綜合的框架和一整組的科技工具，針對各種問題找出具想像力的解決方案來支持決策制訂，為幾乎所有的產業和應用領域提高績效。

自我評量 ·····

- 為什麼企業組織應該投資在商業智慧解決方案？對於 BI 工具和 IT 安全解決方案的投資，該如何進行比較？

- 客戶服務管理是各行業的關鍵應用之一，詐欺管理也是。描述一下這些可以如何應用於旅館業？如何應用在你自己的組織中？

- 描述你的組織使用到的兩種 BI 工具。

- 企業需要及時的資訊才能取得成功。這對你來說代表著什麼？

--- 《 Liberty Store 案例練習：步驟 1 》 ---

Liberty Store 是一家針對全世界身心提升的 LOHAS（樂活）族販賣有機食品、有機服飾、健康產品、以及教育產品的專業全球零售連鎖商店。公司成立 20 年且成長快速，目前營運於 5 大洲、50 個國家、150 個城市，擁有 500 家商店。銷售產品約 20,000 種，旗下員工 10,000 名。此公司營業額超過 50 億美元，利潤約佔收入的 5%。公司對於旗下產品的種植與生產狀況，特別投注心力。它將大約稅前毛利的五分之一（20%）捐給全球當地慈善事業。

1：請為公司 CEO 建立一個全面性的儀表板。

2：請為各國總經理建立另一個儀表板。

NOTE

3

資料倉儲

資料倉儲（DW）是經過整合、主題導向的資料庫集合，其設計用意為支持決策相關的功能。DW 要依據合適的詳盡程度進行規劃，以標準化的格式，針對報表、查詢以及分析，提供清理的全面性企業資料。DW 不論在實質與功能上，都與營運和交易性資料庫區隔開來。要建立分析與查詢用的DW，需投入大量時間與精力。它必須經常更新才能發揮作用。DW 提供了諸多商業與技術優勢。

DW 可支援企業報表與資料探勘活動。它能方便各部門與功能分散存取最新企業知識，因而能增進企業效率與客戶服務。DW 藉由促進決策制定並協助重整企業流程，展現出競爭優勢。

DW 能以綜合觀點呈現企業清理且組織過的資料，使整個企業看到自身的綜合總覽。因此 DW 提供了更好且即時的資訊。它簡化了資料存取，並允許使用者執行密集的分析。因為它不會加重企業資源規劃（ERP）與其他系統所使用營運資料庫的負擔，因而能增進整體 IT 效能。

《 案例｜大學醫療保建系統 － BI 於衛生保健的運用 》

大型校園醫療體系 Indiana University Health（IUH），決定要建造一套企業資料倉儲（EDW），以培育真正的資料驅動式管理文化。IUH 聘雇一家資料倉儲廠商來開發 EDW，此 EDW 同時也整合了他們的電子健康檔案（EHR）系統。他們載入 140 億筆資料進入 EDW（來自 IUH網路整整 10 年的臨床資料），其中包含臨床事件、患者就診、實驗室與放射科、以及其他患者資料，同時也包括 IUH 的績效管理、收入週期、以及患者滿意度資料。他們很快就使用 EDW 加入新的互動儀表板，提供 IUH 領導層所需，用來解決品質／成本方程式的每日營運見解。它為關鍵營運指標與趨勢提供了能見度，因而能輕易地追蹤用以控制成本並維持品質的績優評估。IUH 的各個部門都能輕易地使用 EDW進行分析、追蹤與評量臨床、財務、以及患者體驗的結果。（來源：healthcatalyst.com）

問題 1：單一大型全方位 EDW 的好處是什麼？

問題 2：航空公司的 EDW 需要何種類型的資料？

DW 設計考量 ....

DW 的目的是提供支援制定決策的商業知識。若想讓 DW 達成此目的,必須圍繞這些決策運作。它應該具全面性、容易取用、並已更新至最新資料。以下是一個好 DW 的要素:

- **主題導向**:DW 若想具有成效,應該圍繞單一主題領域進行設計,也就是協助解決特定類型的問題。

- **整合性**:DW 應該從可指引特定主題領域的諸多功能面來涵蓋資料。組織因而能從該主題領域的全方位觀點而獲益。

- **漸變性(時間序列)**:DW 中的資料應該依每日或其他選擇區間來增加。如此便能隨著時間經過進行最新的比較。

- **持續性**:DW 應該要持續進行,也就是不應該從營運資料庫中動態建立。如此一來,DW 可以跨越組織、隨時間經過,持續可供分析。

- **摘要整理**:DW 包含向上彙整至適當層級的資料,便於查詢與分析使用。向上彙整資料的過程有助於建立一致的詳盡度,以供有效的比較。這也有助於減少變數數量或是資料維度,讓它們對決策者而言更具意義。

- **非標準化**:DW 通常使用是星型結構(star schema),它是一個矩形中心表,周圍有一些查詢表。單表格檢視能顯著地加快查詢的速度。

- **描述資料(metadata)**:資料庫中的許多變數,都是從營運資料庫中的其他變數計算而來的。舉例來說,每日銷售合計可能是一個計算欄位。每個變數的計算方法應該有效地記錄下來。每個 DW 中的元素,應該要充分地好好定義。

- **幾乎即時且 / 或準時(活躍)**:DW 在許多高交易量的產業中,例如航空業,應該要能以近乎即時的速度進行更新。不過即時更新 DW 的執行成本或許會令人卻步。即時 DW 的另一項缺點是,相隔數分鐘所產生的報表,或許會出現不一致的情況。

DW 開發方法

開發 DW 有兩種基本的不同方式：由上而下以及由下而上。由上而下的方式是製作一個涵蓋企業所需全部報表的全面性 DW。由下而上的方法，則是針對不同部門或功能的報表需求，依需要來產生小型資料集市（data marts）。小型資料集市，最終也會朝向具備傳達全方位 EDW 的能力。由上而下的方法可提供一致性，但會花費更多時間與資源。由下而上的方法，則會走向健全的區域所有權，以及資料的可維護性，但會造成企業組織片面且不一致的檢視結果（表 3-1）。

表 3-1　資料集市與資料倉儲的比較

	功能性資料集市	企業資料倉儲
範圍	單一主題或功能性領域	完整企業資料需求
價值	功能性領域報表與見解	連接多重功能性領域的更深入見解
目標組織	去中心化管理	集中管理
時間	低至中	高
成本	低	高
規模	小至中	中至大
方法	由下而上	由上而下
複雜度	低（較少資料轉換）	高（資料標準化）
技術	較小規模的伺服器與資料庫	產業強度

DW 架構

DW 共有四項關鍵元素（圖 3-1）。第一個元素是提供原始資料的資料來源。第二個元素是轉換資料以滿足決策需求的過程。第三個元素是規律且精確地將資料載入 EDW 或資料集市的方法。第四個元素是資料存取與分析，在此各項裝置與應用會使用來自 DW 的資料，傳遞見解與其他好處給使用者。

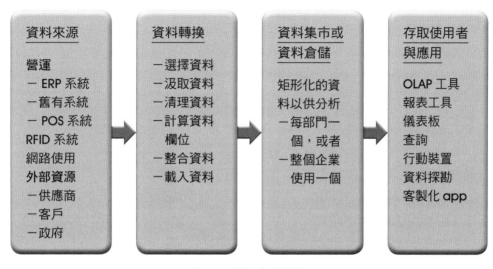

圖 3-1 資料倉儲架構

資料來源

資料倉儲是以結構化的資料建立的。未經結構化的資料如文字資料，在插入 DW 之前，必須經過結構化處理。

- **營運資料**：這包括來自所有商業應用的資料，包含構成組織 IT 系統骨幹的 ERP 系統。所需的資料會依資料倉儲的相關主題來汲取。舉例來說，若針對銷售 / 行銷資料集市，只有關於客戶、訂單、客戶服務等資料會被取出。

- **特殊應用**：這包括一些應用，像是銷售點系統（POS）終端機、以及提供客戶直接服務（customer-facing）資料的電子商務應用。供應商資料可能來自供應鏈管理系統（Supply Chain Management systems）。規劃以及預算資料也應該加入，以便與目標進行比較。

- **外部聯合資料**：包括公開可取得的資料，如天氣或經濟活動資料。它也可以依需要加入 DW 中，為決策者提供良好的背景資訊。

資料載入流程

DW 的重點在於如何將高品質的資料載入 DW，即大家所稱的「汲取 - 轉換 - 載入」（ETL, Extract-Transform-Load）循環。

● 資料應該定期從營運（交易）資料庫來源，以及其他應用程式中取得。

● 汲取的資料應該配合關鍵欄位，並整合至單一資料集中。同時也應該清理任何不規則或遺失的數值。資料應該一起向上彙整至相同的詳盡程度，並計算出想要的欄位，例如每日銷售合計。然後應該將整個數據轉換為與 DW 中心表格相同的格式。

● 被轉換的資料接著便會載入 DW 中。此份資料會附加到 DW 中現有的資料中。

ETL 流程應該依規律的週期進行。從 ERP 汲取每日交易資料，經轉換後，於同一晚再上傳至資料庫。如此一來，DW 每天早上都是最新的。如果需要對 DW 進行近乎即時的資訊存取，那麼 ETL 流程便需要更頻繁地執行。ETL 工作通常是運用自動化的程式碼來完成，程式碼經撰寫、測試和部署，以週期性更新 DW。

資料倉儲設計

星型結構是大部分 DW 偏好的資料架構。此結構的中心事實表（fact table）提供了大部分的焦點資訊。另外有一些查詢表可提供中心表格中所用代碼的詳細數值。舉例來説，中心表格可能會使用數字來代表銷售人員。而查詢表則可協助提供該銷售人員代碼的名字。以下即為一個資料集市使用星型結構來監看銷售績效的範例（圖 3-2）。

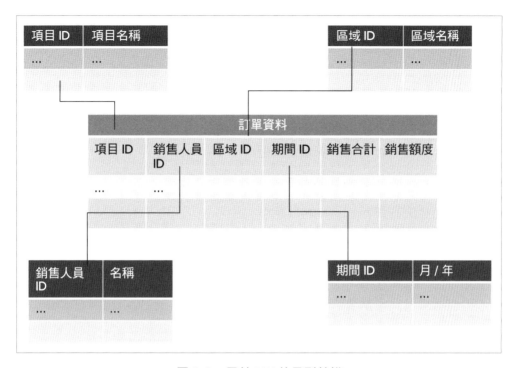

圖 3-2　用於 DW 的星型結構

其他架構還包括雪花結構（snowflake architecture）。星型與雪花之間的差異在於，後者的查詢表可能還會有其自身進一步的查詢表。

在開發 DW 上，有許多方法可供選擇。這包括選擇合適的資料庫管理系統以及合適的資料管理工具組合。市面上有許多大型且可靠的 DW 系統供應商。可選擇營運 DBMS 的供應商，也可以選擇業界最佳的 DW 供應商。另外市面上也有各種工具可用來進行資料轉移、資料上傳、資料檢索、以及資料分析。

DW 存取

從 DW 而來的資料可透過多種裝置，供許多使用者依其不同目的而取用。其中一項主要用途是產生例行管理與監看報表。

● OLAP（線上分析處理）系統是查詢和報告工具，可用來對 DW 的多維數據進行篩選並產生所需的報告。例如，銷售業績報告會依照多個維度顯示銷

售額，並與計劃進行比較。或者也可以請求在某個時間段、以某個價格範圍、在某個地區銷售的所有產品的列表，並以報表的形式呈現。

- 儀表板系統將分析取自倉儲的資料並將結果呈現給使用者。來自 DW 資料可用於專為管理階層設計的績效儀表板，儀表板具有分析績效的功能，可以針對績效數據進行分析。

- 來自 DW 的資料可用於臨時查詢，以及任何其他使用內部資料的應用程式。

- 來自 DW 的資料被用來提供資料於探勘目的。部分的資料會被汲取，然後與其他相關資料結合，進行資料探勘。

DW 最佳實作

資料倉儲專案反映了對資訊科技（IT）上的重大投資。在實行任何 IT 專案時，皆應該遵循所有最佳做法方式。

- **DW 專案應該與企業策略保持一致。** 在設定目標時應諮詢企業主管，並建立財務可行性（ROI）。專案必須同時由 IT 與商業專業人士管理。在開始展開任務之前，需仔細測試 DW 的設計。若於開發工作啟動之後再重新設計，通常會更加昂貴。

- **管理用戶期望。** 資料倉儲的建立應該是漸進式的。使用者也應該接受使用系統的訓練，以好好吸收系統中的諸多功能。

- **品質和適應性。** 靈活性是持續相關性的關鍵。只有相關、經過清理的高品質資料才能載入。系統也應該要能接納新的存取工具。隨著業務需求的變化，可能需要創建新的資料集市以滿足新的需求。

資料湖屋（Data lakehouse）

資料湖是代表大數據的一個新穎且更加擴展的概念。它解決了 1990 年代發明的資料倉儲概念的局限性。DW 當時昂貴且具有專有性，並且通常不夠靈活，無法滿足公司不斷變化的需求。資料湖被認為是一個集中的儲存庫，你的所

有結構化和非結構化資料都可以在其中快速地以任何規模流入，並且通常被攔截在雲端儲存平台上。

資料湖使用平面架構和物件式儲存（object storage）來「依照原樣」儲存資料，而不會對其施加固定的模式或結構。因此，來自所有來源和所有處理階段的大數據，都可以與組織的結構化表格資料源一起被汲取，並儲存在資料湖中。透過利用廉價的物件式儲存和開放格式，資料湖使許多應用程式能夠以指數方式儲存大量資料。

資料湖的開放格式還有助於避免被鎖定在專有系統中，同時提供高度的耐用性、互相操作性和低成本。此外，幾乎所有用於非結構化資料的高級分析和機器學習工具，現在都可用於資料湖。因此，架構的開放性和低成本、安全且可擴展的雲端平台的可用性，使資料湖成為未來的發展方向。

結論

資料倉儲是一種特殊資料管理設施，用來創造報告和分析以便支援管理性決策的制定。其設計將使報表與查詢既簡單又有效率。資料的來源為營運系統以及外部資料來源。DW 需要定期更新並納入新資料，以維持其可用性。從 DW 而來的資料，對於資料探勘活動將是有用的投入。

自我評量

- 資料倉儲的目的是什麼？
- 資料倉儲的關鍵元素是什麼？請試述每一項。
- 資料倉儲的資料來源與類型為何？
- 在社群媒體的年代，資料倉儲可以為組織帶來什麼樣更好的服務？

《 Liberty Store 案例練習：步驟 2 》

Liberty Store 公司想要完整了解其產品銷售狀況，並希望在成長時充分利用各項成長機會。公司想針對所有的門市，進行所有產品的銷售分析。新就任的知識長（Chief Knowledge Officer）決定要建立一個資料倉儲。

1：為該公司設計一個 DW 架構以監看其銷售績效。（提示：設計中心表格與查詢表格）

2：為該公司的永續與慈善活動，設計另一個 DW。

4

資料探勘搜集與選擇資料

資料探勘是發掘資料中之知識、洞見、與模式的藝術與科學。它是從組織好的資料集合中萃取出有用模式的行為。模式應該是有效的、新穎的、潛在有用的和可理解的。其背後的假設是：利用過去的資料能夠揭露出可預測未來的活動模式。

資料探勘是一個多學科領域，借鑑了各種領域的技術。它運用了從資料庫領域而來的資料品質與資料組織知識。它從統計與計算機科學（人工智慧）領域汲取模型與分析法，另外也從商業管理領域吸收決策制定的知識。

資料探勘領域是在國防模式識別（pattern recognition）背景下應運而生的，例如在戰場上辨識敵我。就如同其他因應國防需求而開發的科技一樣，它已演化為協助企業獲得競爭優勢。

舉例來說，「購買起司與牛奶的顧客，有 90% 的機率也會購買麵包」這點對於雜貨店來說，便是一個有用的模式，如此便能適當地備好庫存。同樣的，「血壓高於 160 且年紀超過 65 歲的人，死於心臟病發作的風險較高」，對醫生而言便極具診斷價值，針對這類患者便可著重在緊急照護並給予高度關注。

過去的資料在許多狀況下都具有預測價值，尤其是在不運用模型技術便無法輕易看出模式時。以下是一個擊敗最優秀的人類專家之數據驅動決策系統的戲劇性案例。利用過去的數據，有團隊開發了一個決策樹模型來預測桑德拉·戴·歐康諾大法官的票，她在 5 比 4 席次的美國最高法院中握有關鍵性的搖擺票。此模型基於幾個變量將她之前的所有決定寫成程式。此資料探勘產生了一個簡單的四步決策樹，能夠在 71% 的情況下內準確預測她的投票。相比之下，法律分析師最多只能達到 59% 預測準確度。（來源：Martin 等人，2004）

《 案例｜ Target Corp － 零售業的資料探勘 》

Target 是一家大型零售連鎖店，它透過資料處理，發展出有助於目標行銷與廣告活動的見解。Target 分析師依據 25 項產品的客戶購買歷史，設法開發出一套懷孕預測分數。眾所皆知的案例是，他們比一位少女的父親還要更早發現她懷孕了。由於這個例子相當成功且戲劇性，還曾刊登在紐約時報上。

當時在 Target 建立其懷孕預測模型後一年，一位男子走進 Target 商店要求見店經理。這位男子抓著一把商店寄給他女兒的優惠券，十分生氣。他說：「我女兒收到這個！」。「她才高中而已，而你們居然寄給她嬰兒服飾與搖籃的優惠券？你們是在鼓勵她懷孕嗎？」

經理完全不明白這個男子在說什麼。他仔細看那份傳單。果然沒錯，那份傳單是寄給該男子的女兒，傳單上都是孕婦裝、育嬰用品以及微笑嬰兒的照片。經理急忙道歉，過了幾天又再度打電話向他致歉。

然而在電話中，這位父親顯得有些低調。他說：「我跟我女兒談過了」。「結果發現家中有些我完全不知道的事，我錯怪你們了。」（來源：紐約時報）。

問題 1：Target 和其他零售商是否有權在其認為合適的情況下使用他們獲得的資料，並透過所有法律允許的方式和資訊來聯繫消費者？這涉及到哪些問題？

問題 2：Facebook 與 Google 提供許多免費的服務，而要求的回報便是他們得以探勘我們的電子郵件與部落格，並傳送具有針對性的廣告給我們。這是公平的交易嗎？

搜集與選擇資料

全世界的資料總量，每 18 個月便暴增一倍。如滾雪球般不斷成長的資料量，正以高速、高量、且多樣化的模樣撲向我們。你得快速運用它，否則資料將一閃即過。聰明的資料探勘必須選擇目標區域，對於該收集什麼該忽略什麼，

必須依據資料探勘活動的目的來做出明智的選擇。這就好比決定到哪裡釣魚；不是所有資料流都能取得相等豐富的可能見解。

若想從資料中學到什麼，高品質的資料是必要的。資料需要有效地收集、清理並加以組織，接著進行有效的探勘。你需要具備從多方資源中合併並整合資料元素的技巧與方法。大部分的企業會發展一套企業資料模型（EDM）來組織他們的資料。EDM 是儲存在組織資料庫中所有資料的統一高階模型。EDM 通常會包含所有內部系統所產生的資料。EDM 提供資料的基本選單，可為特定決策目的產生一套資料倉儲。DW 能協助將所有資料組織為簡單可用的模樣，以便加以選擇和部署，進行資料探勘。EDM 也能協助想像企業應該收集何種相關的外部資料來提供背景狀況，並與內部資料發展出好的預測關係。在美國，各個聯邦與地方政府以及其監管機構，在 data.gov 上提供種類豐富的資料供民眾取用。

資料的收集與整理都需花費時間與心力，尤其是在非結構化或半結構化的情況下。非結構的資料可能來自許多形式，如資料庫、部落格、圖像、影片、音訊、以及聊天對話。從部落格、聊天室、以及推文上有許多未結構化的社群媒體資料流。互相連接的機器、RFID 標籤、物聯網等，也有許多機器產生的資料流。這些資料最終應該被**矩形化**，也就是在提交進行資料探勘之前，放入有清楚的直欄與橫列的矩形資料形式中。

商業領域的知識，也有助於選取正確的資料流以求得新見解。只有符合能解決問題本質的資料才應該被收集。資料元素應該要相關、並適合需要解決的問題。它們可能會直接影響問題，或者成為評量成效的合適替代品。選取的資料也可以從資料倉儲中收集，每個產業與功能都有其自身的需求與限制。醫療保健產業會提供具有不同資料名稱的不同類型資料；HR 功能也可提供不同類型的資料，但這些資料皆有不同的品質與隱私問題。

資料清理與準備

資料品質對資料探勘專案的成功與價值至關重要。品質不好，就會造成垃圾進，垃圾出（GIGO）的狀況。導入的資料之品質，會因來源以及資料的本質

而大相逕庭。從內部營運而來的資料，通常品質較佳，因為較精確且一致。從社群媒體與其他公開資源而來的資料，較不受企業控制，因此也較不可信賴。

資料在供資料探勘運用之前，幾乎都一定得經過清理並轉換。在準備好可供分析之前，有許多需要清理的地方，像是填補闕漏的數值、控制極端值造成的效果、轉換欄位、量化連續變數等等。資料清理與準備是勞力密集或半自動的活動，可能會佔掉資料探勘專案 60 ～ 80% 的時間。

- **重複的資料必須移除**。從不同來源可能會收到相同資料。在合併資料集時，必須去除重複的資料。

- **闕漏的資料必須補上**，或者從分析中刪除這些列。闕漏的資料可用平均值或預設值來填補。

- **資料元素應該能夠互相比較**。資料或許必須 (a) 轉換為另一個單位。例如，醫療保健的整體成本以及患者總數可能需要被縮減為成本 / 患者，才能夠比較該數值。資料元素可能必須調整，以使資料 (b) 在時間經過後也能夠比較。例如，幣值可能需要依通貨膨脹進行調整；需要轉換為相同的基年以方便比較，且可能需要轉換為共同的貨幣。資料應該要 (c) 以相同詳盡程度來儲存，以確保具有比較性。例如，銷售資料或許每日產生，但銷售人員獎金可能只會每月產生。若要使這些變數產生關聯，資料必須帶入最低共同分母，在本例中即為每月。

- **連續數值可能需要量化**為少數幾個範圍，以協助分析。舉例來說，工作經驗可能必須量化為低、中、高。

- 在仔細檢視後，**須將極端資料元素移除**，以避免結果出現偏差。例如，某筆金額龐大的捐款可能會使教育設定中的校友捐贈分析產生偏差。

- 移除選取資料中任何偏重的部分，以**確認資料在分析下，足以具代表性**。舉例來說，如果資料中包含某一性別的數量，比起典型人口比例來說多上許多，那麼便應該對資料進行調整。

- 資料或許需要經過挑選以**增加資訊密度**。有些資料可能因為沒有適當記錄或是其他原因,而無法顯現太多變異性。這樣的資料可能會使資料中的其他不同效果變得不明顯,因此應該移除,以增進資料的資訊密度。

資料探勘的輸出

資料探勘法可供多種類型的目的運用。資料探勘的輸出將反映出提供的目的,而資料探勘輸出的呈現有許多種方式。

其中一種熱門的資料探勘輸出形式為決策樹。它是一種層級式分支結構,可從視覺上遵照各步驟來進行模型式決策。決策樹可能具有特定屬性,例如每個分支指定不同機率。相關格式則是一組商業規則,它是以 if-then 陳述式來顯示因果關係。決策樹可以對照至商業規則。如果目標功能是預測,那麼決策樹或商業規則便是最適合展現輸出的形式。

另一個常用的輸出形式是迴歸方程式。它是代表資料之最佳擬合曲線的數學函數。方程式可能包含線形或非線形條件。迴歸方程式是一個好的分類輸出之表示方式。也是預測公式的一個好的呈現方法。

母體「中心點」(centroid)是一種統計測量,用來描述一組資料點的集中趨勢。這些可依多維空間來定義。例如,中心點可以是「中年、高教育程度、富有的專業人士、已婚有二個小孩、居住在海岸區」,或是「20 出頭、就讀常春藤盟校、居住於矽谷的科技企業家」;或者也可以是一組「車齡超過 20年、每加侖里程數極低、未通過環保檢測的汽車」。這些都是集群分析(cluster analysis)的典型代表。

商業規則是購物籃分析輸出的最適當代表。這些規則是帶有與每條規則相關機率參數的 if-then 陳述式。舉例來說,購買牛奶與麵包的人也會買奶油(有80% 機率)。規則可以轉換為決策樹,反之亦然。

評估資料探勘結果 ·····

資料探勘流程主要有兩種：監督式學習與非監督式學習。在監督式學習中，使用過去資料可以建立決策模型，該模型接著便能用來預測未來資料實例（instance）的正確解答。分類是監督式學習活動的主要類別。分類有許多方法，決策樹則是最受歡迎的一個。這些方法每一項都能利用許多演算法來實施。所有這些分類法的共同衡量標準便是預測準確度。

預測準確度＝（正確預測）／ 預測合計

假設我們啟動了一個資料探勘專案，運用決策樹來開發癌症患者的預測模型。並使用一組相關變數以及資料實例，建立了一個決策樹模型。此模型接著便用來預測其他的資料實例。當一個真陽性資料點被模型判斷為陽性時，即為正確的預測，稱為真陽性（TP）。同樣，當模型將真負資料點歸類為負時，即為真陰性（TN）。另一方面，當模型將真陽性資料點分類為陰性時，這是一個不正確的預測，稱為偽陰性（FN）。類似地，當真陰性資料點被歸類為陽性時，即被歸類為偽陽性（FP）。以上使用混淆矩陣（confusion matrix）來表示如下（圖 4-1）。

混淆矩陣		真（True）類別	
		陽性	陰性
預測的類別	陽性	**真陽性** （TP）	偽陽性 （FP）
	陰性	偽陰性 （FN）	**真陰性** （TN）

圖 4-1　混淆矩陣

因此預測的準確性便能依下方公式來表示。

預測準確性 $= (TP + TN) / (TP + TN + FP + FN)$。

所有分類法都有一個與預測模型相關的預測準確性。最高數值可以是 100%。在實踐上，取決於商業的性質，準確性高於 70% 的預測模型，在商業領域中可能被視為可用。神經網路已經實現了非常高的預測準確率，在某些領域達到了 90% 及以上。

非監督式學習方法（例如集群分析）的準確性並沒有客觀的評量方式可以判斷。這些方法的結果並沒有單一正確的答案。舉例來說，區隔模型（segmentation model）的價值，會依決策者在這些結果中所看到的價值而定。同樣的，推薦引擎或關聯規則也有不同程度的準確機率，用戶可以決定使用哪些規則。

資料探勘法

資料的探勘有助於未來能更有效率的做出決策，或者也可以用來探索資料以找出有趣的關聯模式。合適的方法取決於待解決的問題種類（圖 4-2）。

重要的資料探勘法		
監督式學習：分類	機器學習法	決策樹
		人工神經網路
	統計法	迴歸
非監督式學習：探索	機器學習法	集群分析
		關聯規則探勘

圖 4-2　重要的資料探勘法

可以運用資料探勘來解決的最重要問題類別，是分類問題。分類法被稱為監督式學習，是因為它可運用一種方式去監督模型提供的是正確或錯誤的回答。這些問題是針對過去決策的資料進行探勘所得，以從中汲取出可改善未

來決策過程之準確性的少數規則與模式。過去決策的資料再經過整理與探勘，發展出決策規則或方程式，接著再編寫程式以產生更精確的決策。

基於諸多理由，**決策樹**是最受歡迎的資料探勘法。

- 決策樹對於分析人員與管理者而言，都一樣容易了解與使用。它也具有高度預測準確性。

- 決策樹會從所有可用的決策制定變數中，自動選擇最相關的變數。

- 決策樹容許資料品質的問題，並且並不需要使用者進行大量資料準備。

- 即使非線性關係，決策樹也能處理得很好。

可用來執行決策樹的演算法很多，較受歡迎的有 C5、CART、以及 CHAID。

迴歸（Regression）是最受歡迎的統計資料探勘法。迴歸的目的是取得一條最符合資料的平滑且定義良好的曲線。舉例來說，迴歸分析法可用於建模和預測能源消耗。簡單地繪製數據可能會顯示非線性曲線。應用非線性迴歸方程式便會以高精度擬合數據。一旦開發了這樣的迴歸模型，就可以使用該方程式來預測未來任何一天的能源消耗。迴歸模型的準確性完全取決於所使用的數據集，而不取決於它所使用的算法或工具。

類神經網路（ANN）是源自於電腦科學中人工智慧流的一種複雜資料探勘法。它模擬人類神經架構的行為：神經接收刺激，處理它們，然後將結果傳達給接續的其他神經，而最終一個神經元會輸出一個決定。一項決策任務可能只由一個神經元處理，其結果便能很快地傳達。或者，一項決策任務依其領域複雜度，也可能牽涉許多層神經元。神經網路可運用許多資料點，經由一次又一次的決策制定來進行訓練。依據從先前決策所收到的回饋，調整其內部運算與溝通參數，便能持續學習。在神經層中傳送的中間值，對旁觀者來說可能直覺上不具任何意義，因此神經網路被視為是一種黑箱系統。

到了某一時間點，神經網路將能學習到足以媲美人類專家或替代分類法的預測準確性。某些經由長期且大量資料訓練過的 ANN 所做的預測，會變得比人類專家作出的決斷更為精確。屆時便應開始認真考慮在現實狀況中即時部署

該 ANN。ANN 之所以受歡迎，是因為它們最終將能夠達到高度預測準確性。ANN 執行起來也相對簡單，並沒有任何資料品質的問題。然而，ANN 需要使用許多資料進行訓練，才能發展出好的預測能力。

集群分析是一種探索式的學習法，可協助辨識資料中的一組相似群組。它是用來自動辨識事物自然分群的一種技術。彼此相似（或接近）的資料實例，會被分類為一個集群，而彼此十分不同（或很遠）的資料實例，則會被分類為不同的集群。資料可產生任何數量的集群。K 平均法（K-means）是一種常用的方法，可讓使用者從資料中引導選擇正確數量（K）的集群。

集群分析也就是大家所知道的區隔法（segmentation technique）。它可協助分割與處理大型資料集。此方法會顯示過往資料中的事物集群，輸出每個集群的中心點以及對其集群的資料點位置。中心點的定義會被用來指定新的資料實例至所屬集群。集群分析也是人工智慧家族的一部分。

關聯規則（Association rules）是商業上常用的資料探勘方法，特別是牽涉到銷售時。它也被稱為購物籃分析，對於找出交叉銷售機會極有幫助。這是商務網站如 Amazon.com、以及串流電影網站如 Netflix.com 所使用的個人化引擎的核心。此方法有助於找出變數（項目或事件）之間有趣的關係（類同 [affinties]）。這些是以 $X \rightarrow Y$ 形式的規則來呈現，其中 X 與 Y 為資料項目的組合。它是一種非監督式學習，沒有因變數（dependent variable）；也沒有正確或錯誤的答案。只有較強與較弱的類同。因此，每條規格會指定一個信賴等級。身為機器學習家族的一份子，此法在發現尿布與啤酒銷售之間的迷人關係之後，奠定了傳奇式的地位。

資料探勘的工具與平台 ————————— •••••

資料探勘工具已存在數十年，然而，隨著資料價值的日益增長，近年來已變得更加重要，大數據分析領域也成為顯學。現今市場上有廣大範圍的資料探勘平台可供運用。

- **簡單或複雜**：有像 Excel 這樣簡單的終端使用者資料探勘工具，也有更複雜如 IBM SPSS Modeler 這樣的工具。

- **獨立或內嵌**：有單獨存在的工具，也有內嵌於現有交易處理或資料倉儲或 ERP 系統中的工具。

- **開放原始碼或商業版本**：有開放原始碼與免費可用的工具如 Weka，也有商業化的產品。

- **使用者介面**：有些是需要某些撰寫程式技能的文字介面工具，有些是圖形化介面、拖放格式的工具。

- **資料格式**：有些工具只能在專屬資料格式上運作，有些則可直接從大量常用資料管理工具格式中接受資料。

下表是經常運用於資料探勘的三種工具的比較表。

表 4-1　常用資料探勘工具比較

功能	Excel	Weka	R	IBM SPSS Modeler
授權	商業	開放原始碼，免費	開放原始碼，免費	商業，昂貴
資料探勘功能	有限；可利用外掛模組延伸功能	廣泛功能；大型資料集的問題	廣泛功能	廣泛功能，資料大小無限制
使用方式	單獨	單獨	內嵌於其他系統	內嵌於 BI 軟體套件
使用者需具備的技能	一般使用者皆能上手	熟練的 BI 分析員	撰寫程式技能	熟練的 BI 分析員
使用者介面	文字與點擊，簡單	GUI，大部分為黑白文字輸出	整合的開發環境	使用拖放、彩色、漂亮的 GUI
資料格式	業界標準	專屬，CSV	CSV	可接受各種資料來源

Excel 是相對簡單易用的資料探勘工具。還可以安裝 Analyst Pack 之類的外掛產品，用途相當廣泛。

Weka 是開放原始碼 GUI 型工具，提供了大量的資料探勘演算法。

R 是廣泛且可延伸的萬用開源統計程式語言，擁有超過 600 種以上的函式庫、以及 120,000 種以上函式支援。新創公司十分喜愛使用這種語言，最近也漸漸受到大型組織的青睞。

IBM 的 SPSS Modeler 是產業領導級資料探勘平台。它提供了強大的工具組合與演算法，可因應最常用的資料探勘能力。擁有漂亮的 GUI 介面與拖放功能；支援各種格式的資料，包括直接讀取 Excel 檔案。

SAP 有自己的 Business Objects（BO）軟體。BO 可視為業界中的領先 BI 套件，使用 SAP 的企業往往也會採用它。

資料探勘最佳做法

有效且成功的資料探勘需要商業與技術技能。商業觀點有助於了解領域以及關鍵問題，也有助於想像資料中可能的關係，以便建立假設並進行測試。IT 方面的觀點，則有助於從眾多資源抓取資料、清理資料，組合它以符合商業問題的需求，然後再至平台上執行資料探勘法。

反覆的追逐問題是很重要的元素，最好先從少量的資料開始帶領案子，並以迭代的步驟來接近解決方案的核心。長期以來，人們已從資料探勘法中學到了數種最佳做法。資料探勘產業提出了「跨產業資料探勘標準流程」（CRISP-DM），共有六個基本步驟（圖 4-3）：

● **商業理解**：在資料探勘中最首要且最重要的步驟，是詢問正確的商業問題。如果此問題的回答能為組織帶來巨大的回報（不論是財務上或其他方面），那麼這便是個好問題。換言之，選擇一項資料探勘專案和選擇其他任何專案一樣，如果專案成功，必須能從中獲得有力的回報。資料探勘專案應該要取得管理者的強力支持，也就是專案需與商業策略互相配合。在此步驟中，為解決方案提出具想像力的假設時，重要的是必須具有創意並保持開放。不論在提出模型或是找出可用且需要的資料集時，跳出框架外的思考是很重要的。

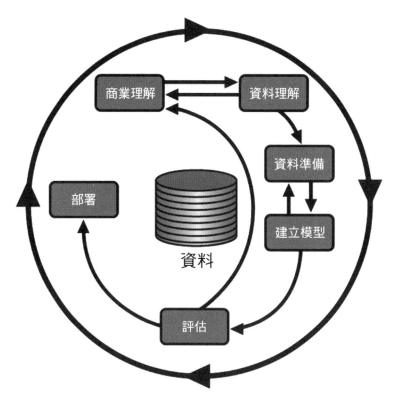

圖 4-3　CRISP-DM 資料探勘循環

● **資料理解**：理解可供探勘的資料也是相當重要的步驟。此階段需要發揮想像力，透過許多來源搜尋眾多資料元素，以協助找出可解決問題的假設。沒有相關的資料，便無法測試假設。

● **資料準備**：資料必須是相關、已清理且高品質的。集合一個囊括各項技術與商業技能、理解所處領域與資料的團隊是很重要的。資料清理可能會花上資料探勘專案 60-70% 的時間。最好能夠持續實驗，並從外部來源加入新資料元素以協助增進預測準確性。

● **建立模型**：此步驟會實際執行許多演算法任務，運用可用的資料來發掘出是否假設成立。在此需要有耐性地持續處理資料，直到資料產出某些好的見解為止。此階段會使用許多模型建立工具以及演算法，同一工具可以試用不同選項，例如執行不同的決策樹演算法。

- **模型評估**：對於資料最初呈現的結果不應該立即接受。最好是套用多種資料探勘法來三角測量此分析，調查諸多可能情境，以建立對解決方案的信心。運用更多測試資料來評估並改善模型的預測準確性。當準確性達到令人滿意的某種程度後，此模型便應該進行部署。

- **散佈與推出**：展現資料探勘解決方案給關鍵的利害關係人，並部署至組織中也很重要。否則此專案將只是浪費時間，並阻礙企業建立與支持以資料為基礎的決策流程文化。此模型最終還是得納入企業的商業流程中。

資料探勘的迷思

資料探勘領域存在著許多迷思，足以嚇退許多企業管理者。資料探勘是對於揭露見解的能力深具信心的一種思維。就資料探勘本身而言，它不是太難，但也不太容易。它確實需要紀律性的方法，以及一些跨領域的技能。

迷思 #1：資料探勘就是演算法。企業使用資料探勘來回答重要且務實的商業問題。在帶入資料探勘演算法之前，正確的構想問題陳述，並找出具想像力的測試方案，遠遠更為重要。了解各種演算法的相對強處也有幫助，但並非必要。

迷思 #2：資料探勘的重點在預測準確性。預測準確性雖重要，但它只是演算法的一個特色。就如同迷思 #1，輸出的品質，只是正確的問題、正確的假設、以及正確資料的一個強大的函數而已。還有一些非監督式學習法與預測準確性無關。

迷思 #3：資料探勘需要有資料倉儲。雖然資料倉儲的存在可協助資訊的收集，但有時資料倉儲本身的建立便可以從某些探索性的資料探勘中獲益。有些資料探勘的問題可能受益於直接從資料倉儲獲得的乾淨數據，但資料倉儲並非必要的。

迷思 #4：資料探勘需要大量的資料。許多有趣的資料探勘，是運用小型或中型資料集，以低成本使用最終端使用者工具來完成的。

迷思 #5：資料探勘需要科技專家。許多有趣的資料探勘是由終端使用者與管理者完成，只使用了簡單如試算表這樣的日常工具。

錯誤的資料探勘行為 ⸺⸺⸺⸺⸺ ·····

資料探勘是在資料中萃取出複雜且有用的模式的一種練習。它需要花費大量準備與耐性來追求資料所能提供的諸多線索。要找出這些模式，需具備許多領域知識、工具以及技能。以下為進行資料探勘時常見的錯誤，應該小心避免。

錯誤 #1：**選擇錯誤的問題進行資料探勘**：若沒有正確的目標，或是沒有目標，進行資料探勘只是浪費時間。針對不相關的問題取得正確的答案固然有趣，但從商業角度來說卻是毫無意義。好的目標應該要為企業組織達成良好投資報酬率。

錯誤 #2：**沒有清楚的描述資料（metadata），因而埋葬在成堆的資料之中**：有意義的資料比起擁有許多資料更為重要。你所需要的相關資料，可能比當初預想的還少許多，關於資料或描述資料的知識或許也不充足。請以挑剔的眼光檢視資料，而不要天真的相信別人告訴你關於資料的一切。

錯誤 #3：**計劃不周的資料探勘**：沒有清楚的目標，會浪費許多時間。重複並盲目地使用相同的探勘演算法進行相同的測試，而未思考下一個階段、也沒有計劃，終將導致時間與精力的浪費。這些或許肇因於疏於留意資料探勘的程序與結果。沒有預留足夠時間給資料的取得、選擇與準備，便可能導致品質以及 GIGO（垃圾進、垃圾出）的問題。同樣的，若沒有給予足夠的時間來測試模型、訓練使用者、以及部署系統，都可能造成專案的失敗。

錯誤 #4：**商業知識不足**：若未能深入了解商業領域，結果可能得到無用的內容且毫無意義。別作出不正確的假設，請尊重專家。在觀察資料分析結果時，不要排除任何可能。不要忽略可疑（無論好壞）的發現而快速前進。對驚奇保持開放心態。即使在某一階段浮現了見解，很重要的是，仍要在其他層級中從不同角度審視資料，以察看是否能萃取出更強大的見解。

錯誤 #5：不相容的資料探勘工具與資料集。 所有搜集、準備、探勘、以及將資料視覺化的工具，皆應該能協同運作。請使用可以配合多種來源、多種業界標準格式的工具。

錯誤 #6：只重視整體結果，而不看個別記錄／預測。 整體來說正確的結果卻在個別記錄層面導出荒唐的結論，是有可能的。以正確的角度深入資料，將可能產出適合諸多資料層面的見解。

錯誤 #7：和贊助者以不同的方式來評量結果。 如果資料探勘團隊迷失了商業目標，而開始只為自身理由進行資料探勘，那麼很快會失去重視，並且得不到管理層的支持。應該謹記 BIDM 循環（圖 1-1）。

結論

資料探勘就像是深入原礦礦山，試圖發掘有價值的塊金。雖然技術很重要，但領域知識也同樣重要，如此才能提供具想像力的解決方案，供日後資料探勘測試之用。並且應充分了解商業目標並將其謹記在心，以確保結果對資料探勘的贊助者有所助益。

自我評量

- 何謂資料探勘？什麼是監督式與非監督式學習法？

- 試述資料探勘流程的關鍵步驟？為什麼遵照這些流程很重要？

- 何謂混淆矩陣？

- 為什麼資料準備如此重要且耗費時間？

- 最受歡迎的資料探勘法有哪些？

- 進行資料探勘時，需要避免的主要錯誤是什麼？

- 熟練的資料分析員需要具備什麼關鍵能力？

《 **Liberty Stores 案例練習：步驟 3** 》

Liberty 經常評估所有可提高營運效率的機會，包括商業運作以及他們的慈善活動。

1：你會使用什麼資料探勘法來分析並預測銷售模式？

2：你會使用什麼資料探勘法來分類其客戶？

NOTE

5

資料視覺化

資料視覺化是讓終端使用者能夠容易理解與消化資料的一門藝術與科學。理想的視覺化會顯示合適的資料量,以正確的順序、合適的視覺格式,傳遞最優先的資訊。合宜的視覺化會需要理解客戶的需要、資料的本質、以及可用來展現資料的許多工具與方法。對整體狀況的完整理解才能產出正確的視覺化。我們應該運用視覺來訴說真實、完整且步調快速的故事。

資料視覺化是資料生命週期的最後步驟。也是將資料處理成容易消化的形式,為正確的目的展現給正確觀眾的地方。這些資料應該轉換成資料消費者最偏好且理解的語言與格式。展現的內容,應該化成可行動的形式,著重在強調從資料所得的見解。如果展現的資料過於詳細,那麼資料消化者或許會失去興趣並且看不出見解。

《案例│ Dr. Hans Rosling － 視覺化全球公共衛生》

Dr. Hans Rosling 是一位資料視覺化大師,擅於運用新穎的方式來突顯意料之外的真相。他運用視覺化資料嚴正指出全球衛生政策與其發展,也因此成為網路名人。他使用新穎的方式描繪從聯合國取得的資料,從各個層面協助展示世界各地在改善公共衛生上的進展。透過這則 TED 影片[1]可以一窺其大作,其中展示了從 1962 ～ 2003 年,所有國家國民平均壽命與生育率的對照。圖 5-1 即為影片中的一張圖表。

圖 5-1　以視覺化展示全球健康的資料(來源:ted.com)

1　https://www.youtube.com/watch?v＝hVimVzgtD6w

身為瑞典卡羅琳學院（Karolinska Institute）國際健康博士與教授的 Hans Rosling 表示：「最大的迷思是，若要拯救所有貧困兒童，地球資源會耗盡」。「但是任憑貧困兒童死去，並不能停止人口成長。」他利用電腦圖像來證明這一點：彩色圓形所呈現的視覺，像是會四處移動並膨脹縮小的生物。Rosling 博士令人著迷的圖表，從 TED 演講到在達佛斯（Davos）舉辦的世界經濟論壇，皆讓國際演講圈的觀眾們印象深刻。Rosling 博士不使用長條圖與直方圖，他使用樂高磚塊、IKEA 方盒以及其 Gapminder Foundation 所開發的資料視覺化軟體，將大量的經濟與公共衛生資料，轉換為引人入勝的故事。他極具雄心壯志。他說：「我為當代世界製作了一份路線圖。」「人們想開往何處由他們決定。但我的想法是，如果人們擁有適當的路線圖而且知道什麼才是全球的現實面，他們便會做出更好的決定。」（來源：economist.com）。

問題 1：這類的資料視覺化，對商業與社會的意涵是什麼？

問題 2：這些技術如何套用到你的組織與工作領域上？

完美的視覺化呈現

資料可以使用矩陣式表格的形式呈現，或者也能以各種類型的彩色圖表來表示。「小型、無法比較、高度標記的資料集，通常會以表格呈現」——（Ed Tufte，2001，p 33）。然而，當資料量成長時，比較合適使用圖表。圖表有助於讓資料成形。資料視覺化先驅專家 Tufte 認為完美圖表應該具備以下的條件：

- **展示，甚至揭露資料**：資料應該要訴說出故事，特別是隱藏在大量資料背後的故事。不過資料必須依背景狀況來揭露，讓故事能正確的說出。

- **誘使觀看者思考資料的內容**：圖表的格式應該要能自然呈現資料，隱藏自身讓資料發光。

- **避免扭曲資料**：統計也可能用來矇騙世人。有些重要上下文因為簡化的關係被移除，而導致溝通上扭曲不實。

- **讓大型資料集條理清晰**：視覺化能夠給予資料一個形狀，有助於整併資料，訴說一個完整的故事。

- **鼓勵從視覺上比較不同的資料片段**：將圖表整理成視線能夠自然移動的方式，方便從圖表中獲取見解。

- **以各種細節層次揭露資料**：圖表引導出見解，進而引起好奇心，因此簡報應該協助讀者獲取根本原因。

- **提供一個清楚目的**——告知或是決策制定。

- **緊密地整合資料集的統計數據與文字敘述**：簡報中的圖表與文字不應該分開。每一個模式都應該訴說一個完整故事。適時在地圖／圖表中插入文字以突顯主要見解。

來龍去脈對於圖表解讀十分重要。對圖表的認知，與實際圖表一樣重要。不要忽略讀者的智慧或偏見。保持版型一致，只顯示資料的變動。圖表扭曲往往有許多藉口，例如：「這只是大約的值。」傳遞高品質的資料應該優先於美觀的圖表。漏掉上下文資料可能會造成誤導。

人們藉由發表許多圖表來展現特定原因或觀點。這在營利或政治性競爭環境下，尤其重要。許多相關層面可被折疊納入圖表中，圖表中展現的層面愈多，圖表便愈豐富且更有用。資料視覺化製作者應該了解客戶的目的，讓資料的呈現能使觀看者精確認知整體狀況。

圖表的類型

從上述個案中，可看到許多類型的資料。時間序列資料是最熱門的資料形式。它有助於揭露出隨時間變化的模式。不過，資料也可以依字母排列，例如國家、產品、或業務員等清單。圖 5-2 顯示了一些常用的圖表類型以及其用途。

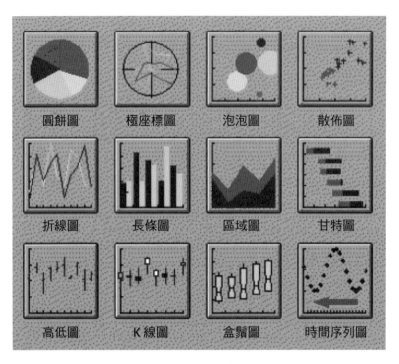

圖 5-2　各種圖表類型

- **折線圖**（Line graph）：這是顯示資訊最基本且常用的類型。它是以一系列由直線段連接的點來顯示的資料。如果探勘的是時間序列資料，時間通常會顯示在 x 軸。多種變數可用相同比例呈現在 y 軸，以比較所有變數的折線圖。

- **散佈圖**（Scatter plot）：這是另一種非常基本但有用的圖表形式。它有助於揭露兩種變數之間的關係。在上述個案中，它顯示了兩種維度：國民平均壽命與生育率。它不像折線圖，各點間並不會以直線連接。

- **長條圖**（Bar graph）：長條圖顯示細長的彩色矩形長條，其長度與展現的資料呈等比。長條圖以垂直或水平繪製。長條圖比起折線圖會耗用更多墨水，因此應該在折線圖不足以表示時才使用。

- **堆疊長條圖**（Stacked Bar graphs）：這是繪製長條圖的特殊方式。多項變數的數值會一一堆疊在另一個上方，以訴說有趣的故事。也可以將長條圖標準化，使每一長條的高度合計相等，以此顯示出每一長條的相對組成。

- **直方圖**（Histograms）：與長條圖相似，但更適合用來顯示資料頻率，或是數值變數各類別（或範圍）中的資料值。

- **圓餅圖**（Pie charts）：此圖表用來顯示變數的分佈，例如各區域的銷量，十分常見。每一切片的大小依每個數值的相對強度來呈現。

- **盒鬚圖**（Box charts）：這是用來顯示變數分佈的特殊形式。方塊顯示中半段數值，而其兩側的鬚線向兩端延伸到極致的數值。

- **泡泡圖**（Bubble Graph）：這是在單一圖表中顯示多種維度的有趣方式。它是將許多資料點標記在二種維度上的散佈圖變種。想像一下圖表中的每個資料點是一個泡泡（或圓圈），圓圈的大小以及顏色便代表了兩種額外的維度。

- **圓盤圖**（Dials）：這是類似汽車上的速度表，顯示變數值（例如銷售數字）是落在低範圍、中間範圍，或是高範圍。這些範圍可以標示為紅、黃、及綠色，讓資料一目瞭然。

- **地理**資料地圖在標誌統計值方面特別實用。圖 5-3 為顯示美國推文密度的地圖。它顯示出在美國本土境內的推文出現於何處。

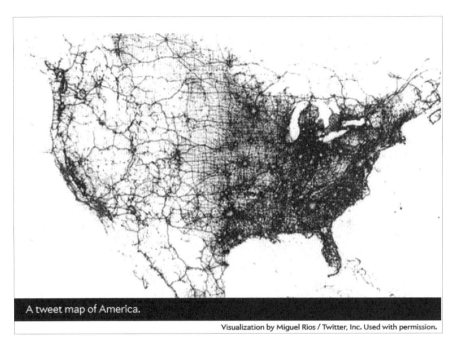

圖 5-3　美國推文地圖（來源：Slate.com）

- 象形圖（Pictographs）：也可以利用圖片來展現資料。例如圖 5-4 即顯示若要生產一磅的每種產品會需使用的水公升數，其中的圖像便是用來顯示各個產品，方便讀者參考。每個水滴也代表 50 公升的水。

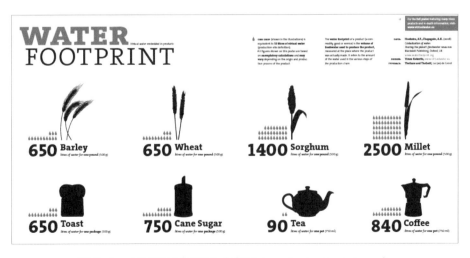

圖 5-4　水足跡的象形圖（來源：waterfootprint.org）

視覺化範例

為了展示每一種視覺化工具的用途，請想像有一家公司的管理者想要分析各部門的銷售成績。表 5-1 是本年度重要的原始銷售資料，依字母順序排列產品名稱。

表 5-1　原始績效資料

產品	營收	訂單數	銷售人數
AA	9731	131	23
BB	355	43	8
CC	992	32	6
DD	125	31	4
EE	933	30	7
FF	676	35	6
GG	1411	128	13
HH	5116	132	38
JJ	215	7	2
KK	3833	122	50
LL	1348	15	7
MM	1201	28	13

第一階段

若要展現有意義的模式，第一步可以先將產品依營收來排序，最高營收排在最前。我們可將所有產品的營收、訂單、銷售人數加總。我們也可以在表格的右側加入一些重要的比率值（表 5-2）。因此表格增加三個新欄，呈現計算值以進行比較。

表 5-2　經過排序、加上訂單 / 銷售人數比的資料

產品	營收	訂單	銷售人數	營收 / 訂單	營收 / 銷售人數	訂單 / 銷售人數
AA	9731	131	23	74.3	423.1	5.7
HH	5116	132	38	38.8	134.6	3.5
KK	3833	122	50	31.4	76.7	2.4
GG	1411	128	13	11.0	108.5	9.8
LL	1348	15	7	89.9	192.6	2.1
MM	1201	28	13	42.9	92.4	2.2
CC	992	32	6	31.0	165.3	5.3
EE	933	30	7	31.1	133.3	4.3
FF	676	35	6	19.3	112.7	5.8
BB	355	43	8	8.3	44.4	5.4
JJ	215	7	2	30.7	107.5	3.5
DD	125	31	4	4.0	31.3	7.8
Total	**25936**	**734**	**177**	35.3	146.5	4.1

首先可以嘗試用圓餅圖來視覺化營收狀況。從第一個產品到下一個產品，營收比例顯著下降（圖 5-5）。有趣的是，前三項產品創造了近乎 75% 的營收。

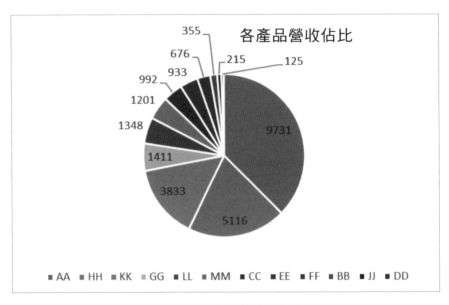

圖 5-5　各產品之營收佔比

每項產品的訂單數量可以繪製為長條圖（圖 5-6）。有趣的是，前四名產品的訂單數量大且大致相同。相比之下，其餘產品的訂單微不足道。

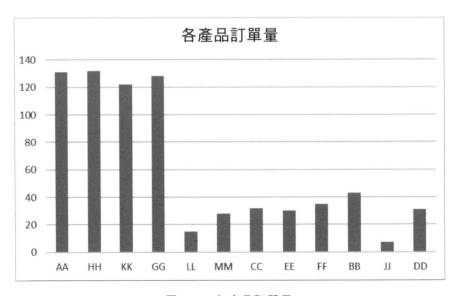

圖 5-6　各產品訂單量

第二階段

主管想了解銷售人員的生產力。這種分析可以根據每位銷售人員的訂單數量或收入來進行。可以製作兩張單獨的圖表，一張是每位銷售人員的訂單數量，另一張是每位銷售人員的營收。不過，還有一個有趣的方法是在同一個圖表上繪製這兩種數據，以進行更完整的呈現。即使兩種數據的尺度不同，也是可行的。此處的數據是依照銷售人員的訂單數來排序。

圖 5-7 呈現了兩張相互疊加的折線圖。其中一條折線顯示每位銷售人員的營收，而另一條則顯示每位銷售人員的訂單數量。你可以看到，每位銷售員的生產率為最高 5.3 個訂單，最低 2.1 個訂單。第二條折線中，藍線顯示每個產品的每位銷售人員的營收。最高為 630，最低僅 30。

依此類推，這份資料集的額外的資料視覺化可以繼續疊加上去。

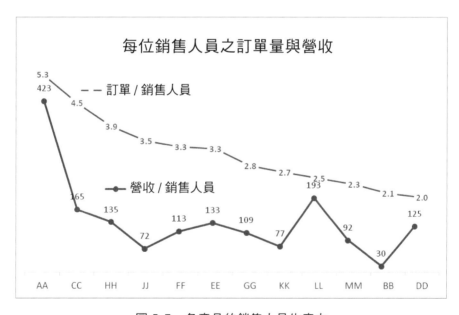

圖 5-7　各產品的銷售人員生產力

第三階段

訂單資料應該要進一步分析，以找出訂單的模式。假設額外有訂單大小的資料，將訂單分為四種規模：極小、小、中和大。分類之後的資料如表 5-3 所示。

表 5-3　訂單大小的額外資料

產品	訂單總量	極小	小	中	大
AA	131	5	44	70	12
HH	132	38	60	30	4
KK	122	20	50	44	8
GG	128	52	70	6	0
LL	15	2	3	5	5
MM	28	8	12	6	2
CC	32	5	17	10	0
EE	30	6	14	10	0
FF	35	10	22	3	0
BB	43	18	25	0	0
JJ	7	4	2	1	0
DD	31	21	10	0	0
Total	734	189	329	185	31

圖 5-8 是一張堆疊條形圖，顯示了每種產品依大小排序的訂單佔比。此圖帶來了一組不同的見解。說明產品 HH 的小訂單佔了大部分。而最右邊的產品有大量的小訂單和很少的大訂單。

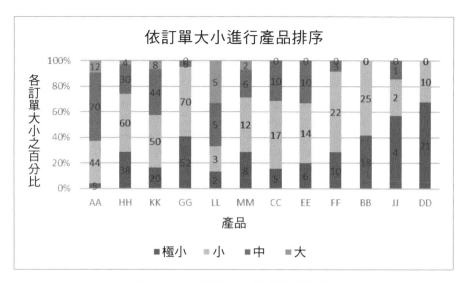

圖 5-8　依訂單大小進行產品排序

資料視覺化訣竅

若想協助客戶了解狀況，以下的考量很重要：

- **取得適當且正確的資料進行分析**。這需要對客戶所在的領域有些了解，並且知道什麼對客戶是重要的。例如在商業環境中，需要了解獲利與生產力的諸多評量點。

- **以最適當的方式排序資料**。可依數值變數或是名稱字首來排列。

- **選擇適當的方式來展現資料**。資料可依表格來呈現，或是依任何圖表類型來展現。

- **可以適當刪減資料集**，只包含較有意義的元素。更多資料並不一定更好，除非它對狀況會造成有意義的影響。

- **視覺化可顯示額外供參考的維度**，例如期望值或是目標值，用來與實際結果相比較。

- **數值資料或許需要縮減到剩下少數類別**。例如：將每位銷售人員的訂單數依實際數值繪製，但訂單大小則縮減至四種分類選項。

- 運用更詳盡的分析來提供高層次視覺化。針對最重要的結果，或許需要向下細分。

- 也許需要呈現文字的輔助來訴說完整故事。例如用一些說明來解釋異常的結果。

結論

資料視覺化是資料生命週期的最後階段，帶領著終端使用者消化資料。它應該訴說一個準確、完整，並有資料作為後盾的簡單故事，同時保持豐富見解與吸引力。有數不盡的視覺圖表技術類型可供資料視覺化。要選擇正確的工具，需要充分了解其商業領域、資料集以及客戶的需求。發揮創意來設計出更具說服力的視覺化資料，以最大的效率傳達來自資料的見解。

自我評量

- 何謂資料視覺化？

- 如何判斷資料視覺化的品質？

- 資料視覺化有哪些方法？何時該使用表格或圖表？

- 試述資料視覺化的一些重要步驟。

- 描述你在熱門新聞或讀過的書中所看過的、最喜歡的數據視覺化。

《 Liberty Stores 案例練習：步驟 4 》

Liberty 經常評估成效，以改善所有營運效率，包括商業運作以及他們的慈善活動。

1：什麼樣的資料視覺化技術可用來協助了解銷售模式？

2：你會運用什麼資料視覺化方法來分類其客戶？

PART II
熱門的資料探勘法

第二篇介紹五種重要的資料探勘法。

前三項技術屬於監督式學習的範例，包含了分類法。

- 第 6 章介紹決策樹，這是最常用的資料探勘法。有許多演算法可用來發展決策樹。

- 第 7 章介紹迴歸模型法。

- 第 8 章介紹人工神經網路，這是一種機器學習法。

接下來的兩項技術為非監督式學習的範例，包含了資料探索技術。

- 第 9 章介紹集群分析。它也被稱為市場區隔分析。

- 第 10 章介紹關聯規則探勘技術，也稱為購物籃分析。

6

決策樹

決策樹是一種幫助人們做出決定的簡單方式。決策樹是層級式分支結構，根據特定順序、詢問特定問題來協助推論出一個決定。好的決策樹應該要簡短，並只詢問少數有意義的問題。決策樹是分類法中最廣為使用的技術。它們使用起來很有效率，容易解釋，其分類準確度也與其他方法媲美。決策樹可從少數實例中產生知識，然後應用到更廣大的人群上。決策樹主要用來回答相對簡單的二元決策。

《 案例｜運用決策樹預測心臟病發作 》

加州大學聖地牙哥分校進行了一項關於心臟疾病患者資料的研究。患者們由於胸痛、EKG（心電圖）的診斷、心肌酶數值高等等原因，被診斷為心臟病。研究的目的是要預測這些患者中的哪些人在 30 天內有死於第二次心臟病發作的風險。預測結果將決定治療計劃，例如是否需將患者留在重症監護病房。他們對每位患者收集了 100 個以上的變數，包括人口統計學、病史和檢驗數據。使用此資料以及 CART 演算法，便能建立一個決策樹。

決策樹顯示如果血壓較低（<=90），再次心臟病發作的機會就很高（70%）。如果患者的血壓沒問題，下一個要問的便是患者的年齡。如果年齡不高（<=62），那麼患者的存活率幾乎可以保證（98%）。如果年齡較高，那麼下一個問題便是詢問鼻竇是否有問題。如果鼻竇沒問題，那麼存活率便有 89%。否則，存活率會下降至 50%。此決策樹正確預測了 86.5% 的案例。（來源：Salford Systems）

問題 1：決策樹在準確性、設計、可讀性、數據等方面是否夠好？

問題 2：找出建立這樣一個決策樹的好處。這些可以量化嗎？

決策樹的問題

想像一下醫生和病人之間的對話。醫生提出問題來確認疾病的成因。這個決定可以是二元的,例如患者是否需要住院;它也可以是一組複雜且多重的醫學症狀診斷。醫生會持續提問,直到能夠做出合理的判斷。如果無法合理推論,她便可能會建議進行一些檢測來獲得更多資料和選項。

上述情境是專家解決問題的方式。透過決策樹或決策規則的運用,他們詢問的每個問題的潛在答案都會分叉至進一步的提問。專家知道如何針對每個分支繼續往前。此過程會持續至到達決策樹的末端,也就是到達一個葉節點(leaf node)。

人類從過去經驗或資料點中學習。同樣的,我們也可以訓練機器從過往資料點中學習並汲取一些知識或規則。決策樹便是使用機器學習演算法從資料中萃取知識。決策樹的預測準確性,取決於它做出正確決策的頻率。

- 可用於訓練決策樹的數據越多,汲取的知識就越準確,能夠做出更準確的決策。

- 決策樹可以選擇的變數越多,決策樹準確性的可能性就越大。

- 此外,好的決策樹應該要精簡,提出最少的問題,以最少的努力來做出正確的決定。

以下為一則建立決策樹的練習,有助於決定是否允准開放戶外賽事。此決策樹的目標是預測特定戶外天候條件之下開放賽事的決定。此決策為:是否准許進行戶外賽事?以下為需要進行決策的問題。

天氣	氣溫	溼度	刮風	戶外賽事
晴	炎熱	正常	真	??

要回覆此問題,我們應該回顧過往經驗,並觀察在類似案例下的決策為何,假如有的話。我們可以查詢過去決策的資料庫來找出答案。以下為過去十四場足球賽所做的決策。(資料集提供:Witten、Frank 與 Hall, 2010 年)

天氣	氣溫	溼度	刮風	戶外賽事
晴	炎熱	高	偽	否
晴	炎熱	高	真	否
陰	炎熱	高	偽	是
雨	溫和	高	偽	是
雨	涼爽	正常	偽	是
雨	涼爽	正常	真	否
陰	涼爽	正常	真	是
晴	溫和	高	偽	否
晴	涼爽	正常	偽	是
雨	溫和	正常	偽	是
晴	溫和	正常	真	是
陰	溫和	高	真	是
陰	炎熱	正常	偽	是
雨	溫和	高	真	否

如果在資料表中，有一列為**晴 / 炎熱 / 正常 / 有風**的狀況，便完全符合目前的狀況，該列的決策便可用來回應目前問題。然而在這個範例中，並沒有這樣的過去實例。查看資料表有三項缺點：

- 如先前所提，如果沒有任何一列完全符合今天狀況時，該如何做決定？如果在資料庫中，沒有完全符合的實例可用，過去的經驗便無法引導決策。

- 取決於組織資料庫以及變數的數量，搜尋過去整個資料庫可能會十分耗時。

- 如果資料值不適用於所有變數時怎麼辦？在這種情況下，如果缺乏溼度變數資料，查看過往資料將無濟於事。

解決問題的更好方法可能是將過去數據中的知識抽象為決策樹或規則。這些規則可以在決策樹中呈現，然後使用此樹來做出決策。決策樹可能不需要所有變數的值。

決策樹架構

決策樹是一種層級式分支結構。建立決策樹要問的第一個問題是什麼？較重要的問題應優先詢問，較不重要的問題可稍後詢問。但什麼是解決問題該詢問的最重要問題？問題的重要性如何決定？也就是，決策樹的根節點該如何決定？

決定決策樹的根節點：在本例中，根據四個變數，我們會有四種選擇。我們可以從詢問以下這些問題開始：天氣看起來如何、溫度多少、溼度是多少、以及風速如何？需要設定標準來評估這些選擇。關鍵的標準應該為：這些問題中哪一項可以提供狀況的最好見解？另一種觀察的方式為精簡標準。也就是，那一個問題可以提供我們最短的最終決策樹？另一個觀察方式為，如果只能詢問一個問題，你會問什麼？在本例中，最重要的問題應該是，從問題本身即能在最少錯誤下，做出最正確決定的那一個。現在可將這四個問題系統化的進行比較，以觀看哪個變數本身最能協助做出最正確的決定。我們應該系統化地計算每個問題的決策正確度。接著便能選出在最少錯誤下做出最正確預測的問題。

先從第一個變數開始，在本例為天氣。它有三種數值：晴、陰、以及雨。

先從天氣的晴值開始。一共有 5 筆實例的天氣是晴。在 5 筆實例中的 2 筆中，其開放戶外賽事的決策是「是」，而其他 3 筆的決策是「否」。因此，如果決策規則是「天氣：晴→否」，那麼 5 分之 3 的決策會是正確的，而 5 分之 2 的決策便是不正確的。5 筆中有 2 筆是錯誤。這可以記錄在第一橫列。

屬性	規則	錯誤	錯誤合計
天氣	晴→否	2/5	

類似的分析也可以在天氣變數的其他數值上進行。總共有 4 筆實例其天氣為陰，在 4 筆實例中所有 4 筆的開放戶外賽事決策都是「是」。因此，如果決策

規則是「天氣：陰→是」，那麼 4 分之 4 的決策會是正確，而沒有任何決策是不正確的。4 筆中有 0 筆是錯誤。這可以記錄在下一橫列。

屬性	規則	錯誤	錯誤合計
天氣	晴→否	2/5	
	陰→是	0/4	

一共有 5 筆實例的天氣是雨。在 5 筆實例中的 3 筆其開放戶外賽事決策是「是」，而其他 2 筆的決策是「否」。因此，如果決策規則是「天氣：雨→是」，那麼 5 分之 3 的決策會是正確，而 5 分之 2 的決策是不正確的。5 筆中有 2 筆是錯誤。這可以記錄在下一橫列。

屬性	規則	錯誤	錯誤合計
天氣	晴→否	2/5	4/14
	陰→是	0/4	
	雨→是	2/5	

加總天氣所有數值的錯誤，合計 14 筆中有 4 筆錯誤。換句話說，天氣在 14 筆資料中提供了 10 筆正確的決策，4 筆錯誤的決策。

對其他三種變數同樣可進行類似的分析。在這樣的分析練習下，最後可以建立如下的錯誤表。

屬性	規則	錯誤	錯誤合計
天氣	晴→否	2/5	4/14
	陰→是	0/4	
	雨→是	2/5	
氣溫	炎熱→否	2/4	5/14
	溫和→是	2/6	
	涼爽→是	1/4	

屬性	規則	錯誤	錯誤合計
溼度	高→否	3/7	4/14
	正常→是	1/7	
刮風	偽→是	2/8	5/14
	真→否	3/6	

最後導出最少錯誤數量的變數（因此也是最多正確決策數量）便應該選為第一個節點。在本例中，兩種變數都有最少錯誤數量。天氣與溼度兩者不相上下，都是在 14 筆實例中有 4 筆錯誤。此不分勝負的狀況可以使用另一種準則來打破，那就是子樹的純度（purity）。

如果所有錯誤都集中在少數子樹中，而某些分支完全沒有錯誤，那麼從可用性的觀點來看，是較好的。在天氣中有一個完全無錯誤的分支，也就是陰天值，而對溼度變數來說，則沒有這樣的純粹子組別。因此可打破僵持不下的局面，偏向天氣。此決策樹將使用天氣作為第一個節點，或首要分割變數。要解決是否「開放戶外賽事」應該詢問的第一個問題便是：「天氣值為何？」

分割決策樹：此決策樹從根節點開始分割為三個分支或子樹，即天氣的三項數值各成一個分支。根節點（整個資料）的資料會被分割為三個區段，每一個天氣數值即為一個區段。晴分支將繼承天氣值為晴的實例資料，這些將用來建造進一步的子樹。同樣的，雨分支將繼承天氣值為雨的實例資料，這些將用來建造進一步的子樹。陰分支將繼承天氣值為陰的實例資料，不過，沒有必要進一步建立該分支，對天氣值為陰的所有實例，都是明確的「是」決策。

在第一層的分割後，決策樹看起來會像這樣。

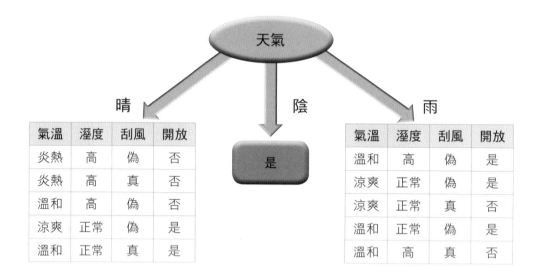

決定決策樹的下一個節點：對每一個分支可以套用類似的遞迴邏輯來建造子樹。對左側的晴分支，可對其他三種變數計算錯誤值－氣溫、溼度以及刮風。最後的比較表會像這樣：

屬性	規則	錯誤	錯誤合計
氣溫	炎熱→否	0/2	1/5
	溫和→否	1/2	
	涼爽→是	0/1	
溼度	高→否	0/3	0/5
	正常→是	0/2	
刮風	偽→否	1/3	2/5
	真→是	1/2	

溼度的變數顯示最低錯誤量，也就是沒有錯誤。其他兩項變數都有錯誤值。因此「天氣：晴」左側分支便會使用溼度作為下一個分割變數。

同樣的分析可用來完成決策樹的「雨」值。分析結果會像這樣。

屬性	規則	錯誤	錯誤合計
氣溫	溫和→是	1/3	2/5
	涼爽→是	1/2	
溼度	高→否	1/2	2/5
	正常→是	1/3	
刮風	偽→是	0/3	0/5
	真→否	0/2	

對於「雨」分支，同樣可以看出「刮風」變數提供了所有正確答案，而其他兩個變數皆沒有全部是正確的決策。

最終的決策樹應該看起來像這樣。這是使用 Weka 開放原始碼資料探勘平台所產生的（圖 6-1）。這便是從過往決策資料中萃取知識的模型。

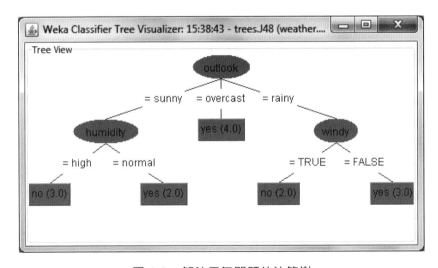

圖 6-1　解決天氣問題的決策樹

此決策樹可用來解決目前的問題。以下再次列出問題。

天氣	氣溫	溼度	刮風	戶外賽事
晴	炎熱	正常	真	？？

根據決策樹,第一個詢問的問題是天氣。在這個問題裡,天氣是晴。因此,決策問題便移至決策樹的「晴」分支。該子樹的節點為溼度。在問題裡,溼度為正常。該分支會導引至「是」的回答。因此,「是否開放」之問題的答案便是「是」。

天氣	氣溫	溼度	刮風	戶外賽事
晴	炎熱	正常	真	是

從建構決策樹所學到的教訓

下表是比較從資料表中查詢答案與使用決策樹的優缺點。

表 6-1　比較決策樹與表格查詢

	決策樹	表格查詢
準確度	不同準確度層級	100% 準確
通用性	一般。適用所有狀況	只適用早先曾發生類似狀況時
精簡度	只需要 3 種變數	需要 4 種變數
簡單	只需要 1 種,最多 2 種變數	4 種變數值皆需要
容易	邏輯化,並容易了解	查詢起來可能很麻煩;不必了解決策背後的邏輯

以下為如何建造決策樹的一些觀察:

- 對應先前資料,最終決策樹的錯誤為零。換句話說,此決策樹的**預測準確度為 100%**。此決策樹完全符合資料。在真實生活狀況中製作決策樹時,這樣完美的預測準確度是不可能的。當遇到更大更複雜的資料集時,變數會多更多,無法達成完美的吻合。在商業與社會狀況下尤其是如此,因為事物並不總是完全清楚且一致。

- 決策樹演算法會**選擇**解決問題所需的**最少數量變數**。因此,我們可以從所有可用的資料變數開始,讓決策樹演算法選擇有用的變數,放棄其他變數。

- 此決策樹的所有分支**幾乎呈對稱**且長度都幾乎類似。然而，在真實生活狀況中，某些分支可能會比其他長許多，而需要修剪決策樹，讓它更平衡且可用。

- **加入更多子樹讓決策樹更長**，或許會**增加準確度**。然而，從決策樹每一子層級所獲得的準確度將會遞減，或許不值得為此讓決策樹失去易用性與判讀性。如果分支過長且複雜，要理解並使用它便相形困難。可以考慮修剪較長的分支，保持決策樹容易使用。

- 完全符合的決策樹存在著**過擬合（over-fitting）資料**的危險，會抓取資料中的所有隨機變數。這或許適用於訓練資料，但可能無法好好的預測往後的真實實例。

- 就此資料來說，會有**單一最佳的決策樹**。但是也可能存在兩種以上同樣有效率的決策樹，皆來自同一資料集，長度相似、且預測準確度也相似。決策樹是**嚴格遵守資料中模式的技術**，而不依賴任何問題領域的基本理論。當可用的候選決策樹有多個時，可選用容易理解、溝通、或實行的那一個。

決策樹演算法 ·····

如我們所說，決策樹使用的是分治法（divide and conquer method），資料會根據特定條件在每個節點形成分支，直到所有資料指定至葉節點為止。它會對一個訓練組進行遞迴分叉，直到每個分叉部分都包含某一類別的範例為止。

以下為製作決策樹的虛擬碼（pseudo code）：

- 建立一個根節點，並指派所有訓練資料至其中。

- 根據特定條件，選擇最佳的分叉屬性。

- 在根節點為每項分叉值加入分支。

- 沿著特定分叉路線，將資料分叉至互斥的子集。

- 為每個葉節點重複步驟 2 與 3，直到達到停止條件為止。

有許多演算法可用來製作決策樹。決策樹演算法基於三項主要元素而有所不同：

- 分割準則（Splitting criteria）

  a. 初次分割該使用哪一個變數？如何為第一個分支以及後續的每一個子樹，決定最重要的變數？

     評量的方法很多，像是最少錯誤、資訊增益（information gain）、吉尼係數（gini's coeffecient）等，都可用來計算提供最佳解的分割準則。資訊增益是根據熵的變化來做判斷，熵的減少程度越大，代表資訊增益的效果越高。吉尼係數是則是用來評估集中的方法，吉尼係數越低，決策就越好。

  b. 分割該使用什麼數值？如果變數是連續數值如年紀或血壓，該使用什麼數值範圍？答案取決於一些基於最佳實踐所得的數值。

  c. 每個節點可允許多少分支？可以是每個節點只有二個分支的二元樹，或者也可以允許更多分支。

- 停止條件：何時停止建造決策樹？主要有兩種方式可做出決定。當分支到達特定深度，並且之後的決策樹變得難以閱讀時，便應該停止建造決策樹。或者，當任何節點的錯誤層級落在預先定義的容許層級內時，也應該停止決策樹。

- 修剪：決策樹應該進行修剪，使它更平衡且更容易使用。修剪通常都是在決策樹建構完成後才進行，將樹修剪平衡並增進可用性。過擬合（overfitting）的決策樹特徵是樹型因過多的分支而過度陡峭，有些可能因為雜訊或偏差值而反應出異常。因此，這樣的決策樹需要修剪。有兩種方法可以避免過擬合。

  - 事前修剪（pre-pruning）意味著當符合特定條件時，即早早暫停決策樹的構建。缺點是很難決定該使用什麼標準來暫停構建，因為我們無法預測讓決策樹繼續成長會發生什麼事。

- 事後修剪（post-pruning）：從「完全成長」的決策樹上移除分支或子樹。這是常用的方法。C4.5 演算法使用統計方法來預估每個節點的錯誤以決定修剪。也可以使用一個驗證組來修剪。

最受歡迎的決策樹演算法為 C5、CART、以及 CHAID（表 6-2）。

表 6-2 常見決策樹演算法比較

決策樹	C4.5	CART	CHAID
全名	Iterative Dichotomiser（ID3）	分類與迴歸樹	卡方自動交互偵測
基礎演算法	Hunt's 演算法	Hunt's 演算法	經調整的顯著性檢定
開發者	Ross Quinlan	Bremman	Gordon Kass
何時開發	1986	1984	1980
決策樹類型	分類	分類與迴歸樹	分類與迴歸
連續實作	樹生長與樹修剪	樹生長與樹修剪	樹生長與樹修剪
資料類型	離散與連續；不完整資料	離散與連續	也接受非正常資料
分叉類型	多元分叉	只限二元分叉；聰明的替代分叉以降低樹深度	預設為多元分叉
分叉準則	資訊增益	吉尼係數與其他	卡方測定
修剪條件	聰明的由下而上技術避免過擬合	首先移除最弱連結	決策樹可能變得十分龐大
實作	公開提供	在大部分套件中公開提供	常用於市場研究，作為區隔用

結論

決策樹是最受歡迎、通用、且容易使用的高預測準確度資料探勘法，是十分有用的管理者溝通工具，坊間也有許多成功的決策樹演算法。所有公開提供的資料探勘軟體平台，皆提供多重的決策樹實作。

自我評量

- 何謂決策樹？為什麼決策樹是最受歡迎的分類法？

- 什麼是分叉變數？請試述三種選擇分叉變數的標準。

- 何謂修剪？什麼是事前修剪與事後修剪？為什麼選擇其中一種而非另一種？

- 何謂吉尼係數以及資訊增益？（提示：請用 google 搜尋）。

實作練習：為以下資料集建立一個決策樹。目的是預測類組類別。（是否核准貸款）

年紀	工作	房子	信用	核准貸款
年輕	偽	無	一般	否
年輕	偽	無	好	否
年輕	真	無	好	是
年輕	真	有	一般	是
年輕	偽	無	一般	否
中年	偽	無	一般	否
中年	偽	無	好	否
中年	真	有	好	是
中年	偽	有	極好	是
中年	偽	有	極好	是
老年	偽	有	極好	是
老年	偽	有	好	是
老年	真	無	好	是
老年	真	無	極好	是
老年	偽	無	一般	否

接著使用模型來解決以下問題。

年紀	工作	房子	信用	核准貸款
年輕	偽	無	好	？？

《 Liberty Stores 案例練習：步驟 5 》

Liberty 需要經常地評估開設新店面的需求。他們想要將處理許多請求的程序形式化，讓最好的候選者可以被選出以進行詳細評估。

請運用決策樹評估新設店面的選項。以下為訓練資料：

城市大小	平均收入	當地投資者	LOHAS 認知	決定
大	高	多	高	是
中	中	少	中	否
小	低	多	低	否
大	高	少	高	是
小	中	多	高	否
中	高	多	中	是
中	中	多	中	否
大	中	少	中	否
中	高	多	低	否
小	高	少	高	是
小	中	少	高	否
中	高	少	中	否

使用決策樹來回答以下問題：

城市大小	平均收入	當地投資者	LOHAS 認知	決定
中	中	少	中	？？

NOTE

7

迴歸和時間序列分析

迴歸是一種知名的統計技術，用於對幾個自變數（IV, independent variable）和一個因變數（DV, dependent variable）之間的預測關係進行建模。目標是在多維空間中找到因變數的最佳擬合曲線，每個自變數都是一個維度。曲線可以是直線，也可以是非線性曲線。曲線與資料的擬合品質可以透過相關係數（r）來衡量，也就是曲線所得出的總變異數（R^2）的平方根。

迴歸的關鍵步驟很簡單：

- 列出所有可用於製作模型的變數。

- 建立一個因變數（DV）。

- 檢視變數之間的視覺關係（如果可能的話）。

- 找到一種使用其他變數來預測 DV 的方法。

《 案例｜資料導向的預測市場 》

傳統民意調查機構似乎仍在使用一、二十年前的方法。Nate Silver 是一位以數據資料為基礎的新型政治預測家，他運用了大數據的分析方式。在 2012 年的選舉中，他預測歐巴馬將以 291 張選舉人票贏得選舉，羅姆尼將獲得 247 張選舉人票，也就是現任總統贏得 62% 的領先優勢和連任。他正確預測了包括 9 個搖擺州在內的所有 50 個州的總統選票勝出者，震驚了政治預測界，此外他還正確預測了 33 場美國參議院競選中的 31 場獲勝者。

Nate Silver 利用科學方式預測選舉結果，為政治選舉的觀察帶來了不同的觀點。科學性地陳述假設，收集所有可用資訊，分析資料並使用複雜的模型和演算法來萃取見解，最後應用人類的判斷來解釋這些見解。這樣的結果可能更加合理和精準。（來源：「信號與噪音：為什麼大多數預測都失敗了，但有些卻成功」，Nate Silver，2012 年）

問題 1：這個故事對傳統民意調查機構和評論員有什麼影響？

相關性和關係 ⎯⎯⎯⎯⎯⎯⎯⎯⎯⎯⎯⎯⎯⎯ •••••

統計關係探討哪些資料元素是同一類,哪些是單獨的。它的目的是將彼此有密切關係的變數歸類在一起,並將其他獨特且不相關的變數另外分門別類。它描述顯著的積極關係,和顯著的消極差異。

衡量關係強度的首要指標是相關性(correlation)。相關性的強度是在 0(零)和 1 之間的標準化範圍內測量的定量度量。相關性為 1 表示完美的關係,其中兩個變數完全同步。相關性為 0 表示變數之間沒有關係。

關係可以是正的,也可以是反的,亦即變數可能同向或反向移動。因此,一個很好的相關性度量是相關係數,即相關性的平方根。這個係數,稱為 r,範圍在 -1 到 +1 之間。r 值為 0 表示沒有關係。r 值為 1 表示在相同方向上的完美關係,而 r 值為 -1 表示完美關係但在相反方向上移動。

假設有兩個數值變數 x 和 y,相關係數是透過以下等式進行數學計算。$\bar{x}$(稱為 x-bar)是 x 的均值,$\bar{y}$(y-bar)是 y 的均值。

$$r = \frac{[(x-\bar{x})][(y-\bar{y})]}{\sqrt{[(x-\bar{x})^2][(y-\bar{y})^2]}}$$

視覺上的關係 ⎯⎯⎯⎯⎯⎯⎯⎯⎯⎯⎯⎯⎯⎯ •••••

散佈圖是一個簡單的練習,在二維圖上繪製兩個變數之間的所有資料點。它提供了所有資料點在該二維空間中之位置的視覺化分佈。散佈圖可以用來以圖形方式直覺式地呈現兩個變數之間的關係。

下面的圖片(圖 7-1)顯示了散佈圖中許多可能的模式。

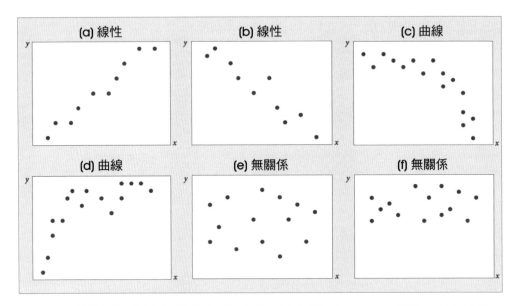

圖 7-1 　散佈圖顯示出兩個變數之間關係類型（來源：Groebner 等人，2013 年）

圖表 (a) 顯示了 x 和 y 之間非常強的線性關係。這意味著 y 的值與 x 成比例增加。圖表 (b) 也顯示了變數 x 和 y 之間的強線性關係。這裡是反比關係。這意味著 y 的值與 x 成比例減小。

圖表 (c) 顯示了曲線關係。這是一個反比關係，這意味著 y 的值與 x 成比例地減小。但是，它似乎是一個定義相對明確的關係，就像圓弧一樣，可以用一個簡單的二次方程式來表示（二次表示 2 次方，也就是使用 x^2 和 y^2 等術語）。圖表 (d) 顯示了正曲線關係。然而，它似乎不像一個規則的形狀，因此不會是一個牢固的關係。圖表 (e) 和 (f) 顯示沒有關係。這意味著變數 x 和 y 彼此獨立。

圖表 (a) 和 (b) 是模擬簡單線性迴歸模型的良好候選者（「迴歸模型」和「迴歸方程式」兩個術語可以互換使用）。圖表 (c) 也可以用更複雜的二次迴歸方程式建模。圖表 (d) 可能需要更高階的多項式迴歸方程式來表示資料。圖表 (e) 和 (f) 沒有關係，因此，它們不能透過迴歸或使用任何其他建模工具來進行建模。

迴歸練習

迴歸模型被描述為以下線性方程式。y 是因變數,即被預測的變數。x 是自變數或預測變數。迴歸方程式中可能有許多預測變數(例如 x_1、x_2、...)。但是,迴歸方程式中只能有一個因變數(y)。

$$y = \beta_0 + \beta_1 x + \varepsilon$$

其中 β_0 和 β_1 是常數,是 x 變數的係數;ε 是隨機誤差變數。

迴歸方程式的一個簡單範例是根據房屋大小來預測房價。以下為樣本房價資料:

房價	面積(平方英尺)
$229,500	1850
$273,300	2190
$247,000	2100
$195,100	1930
$261,000	2300
$179,700	1710
$168,500	1550
$234,400	1920
$168,800	1840
$180,400	1720
$156,200	1660
$288,350	2405
$186,750	1525
$202,100	2030
$256,800	2240

資料(一個預測變數,一個結果變數)的兩個維度可以繪製在散佈圖上。具有最佳擬合線的散佈圖如下圖所示(圖 7-2)。

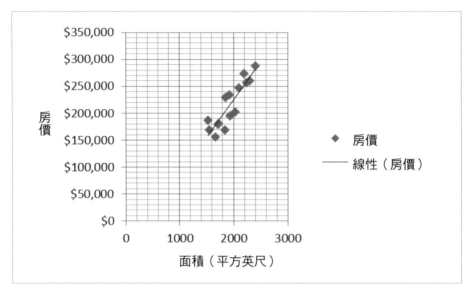

圖 7-2　房價和房屋面積之間的散佈圖和迴歸方程式

從圖表上可以看到房價和面積（平方英尺）之間存在正相關關係。然而，這種關係並不完美。在兩個變數之間執行迴歸模型會產生以下結果（部分刪去）。

	迴歸統計
r	0.891
r^2	0.794
	係數
截距	-54191
面積（平方英尺）	139.48

它顯示相關係數為 0.891。方程式得出的總變異量 r^2 為 0.794 或 79%。這意味著這兩個變數是中度正相關的。迴歸係數有助於建立下列用來預測房價的等式。

房價 ($) = 139.48 × 面積 (sqft) – 54191

這個等式只解釋了房價差異的 79%。假設其他預測變數可用，例如房屋中的房間數量，可能有助於改進迴歸模型。

房屋資料現在顯示如下：

房價	面積（平方英尺）	房間數
$229,500	1850	4
$273,300	2190	5
$247,000	2100	4
$195,100	1930	3
$261,000	2300	4
$179,700	1710	2
$168,500	1550	2
$234,400	1920	4
$168,800	1840	2
$180,400	1720	2
$156,200	1660	2
$288,350	2405	5
$186,750	1525	3
$202,100	2030	2
$256,800	2240	4

雖然可以製作三維散佈圖，但我們也可以檢查變數之間的相關矩陣。

	房價	面積（平方英尺）	房間數
房價	1		
面積（平方英尺）	0.891	1	
房間數	0.944	0.748	1

它顯示房價與房間數量（0.944）也有很強的相關性。因此，將這個變數添加到迴歸模型中很可能會增加模型的強度。

在這三個變數之間執行迴歸模型，會產生以下結果（部分刪去）。

迴歸統計	
r	0.984
r^2	0.968
	係數
截距	12923
面積（平方英尺）	65.60
房間數	23613

它顯示該迴歸模型的相關係數為 0.984。方程式得出的總變異量 r^2 為 0.968 或 97%。這意味著這些變數是正相關，而且是非常強相關的。添加新的相關變數有助於提高迴歸模型的強度。

使用迴歸係數有助於建立以下公式來預測房價。

房價 ($) = 65.6 × 面積 (sqft) + 23613 × 房間數 + 12924

此公式顯示了 97% 的資料擬合度，這對於商業和經濟資料非常有利。自然產生的商業資料總是存在一些隨機變化，將模型過擬合到資料上是不適當的。

這個預測方程式應該被用在未來的交易上。在下列情況中，它可以預測 2000 平方英尺 3 房的房價。

房價	面積（平方英尺）	房間數
??	2000	3

房價 ($) = 65.6 × 2000(平方英尺) + 23613 × 3 + 12924 = $214,963

預測值應該與實際值進行比較，以了解模型預測實際值的接近程度。隨著新資料點的出現，就有機會微調和改進模型。

非線性迴歸練習 ⎯⎯⎯⎯⎯⎯⎯⎯⎯⎯⎯⎯⎯ • • • • •

變數之間的關係也可以是曲線的。例如，依據過去的電力消耗（千瓦）和溫度資料來預測電力消耗。以下是過去的觀察值。

千瓦	溫度（華氏）
12530	46.8
10800	52.1
10180	55.1
9730	59.2
9750	61.9
10230	66.2
11160	69.9
13910	76.8
15690	79.3
15110	79.7
17020	80.2
17880	83.3

在二維（一個預測變數，一個結果變數）中，資料可以繪製在散佈圖上。具有最佳擬合線的散佈圖如下圖所示（圖 7-3）。

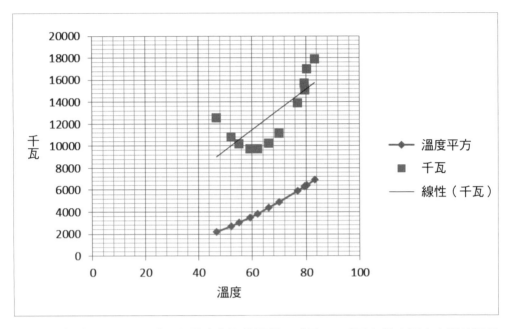

圖 7-3　散佈圖顯示 (a) 千瓦和溫度之間的迴歸，以及 (b) 千瓦和溫度平方之間的迴歸

從視覺上可以清楚地看出，直線無法適當地擬合此資料。溫度和千瓦之間的關係遵循曲線模型，在特定的溫度值觸底。迴歸模型證實了這種關係，因為 R 僅為 0.77，R 平方也僅為 60%。因此僅解釋了 60% 的總變異量。

在方程式中引入非線性變數（例如二次方變數 $Temp^2$）可以增強此迴歸模型。第二行是 KWH 和 $Temp^2$ 之間的關係。散佈圖顯示耗能與 $Temp^2$ 呈強線性關係。添加 $Temp^2$ 變數後再計算迴歸模型，會得到以下結果：

迴歸統計	
r	0.992
r^2	0.984
	係數
截距	67245
面積（平方英尺）	-1911
房間數	15.87

顯示迴歸模型的相關係數現在為 0.99。方程式得出的總變異量 R^2 為 0.985，即 98.5%。這意味著變數非常強烈且正相關。迴歸係數有助於建立以下公式：

耗能（千瓦）= 15.87 × 溫度^2 − 1911 × 溫度 + 67245

此公式呈現了 98.5% 的擬合度，這對於商業和經濟環境非常有利。現在我們可以預測出溫度 72 度時的千瓦值。

能耗 = (15.87×72×72) − (1911×72) + 67245 = 11923 千瓦

邏輯迴歸

迴歸模型傳統上適用於因變數和自變數的連續數值資料。但是，邏輯迴歸模型可以處理具有分類值的因變數，例如貸款是否被核准（是或否）。邏輯迴歸測量了分類因變數與一個或多個自變數之間的關係。例如，依據觀察到的患者特徵（年齡、性別、體重指數、血液檢查結果等），邏輯迴歸可用於預測患者是否患有特定疾病（例如糖尿病）。

邏輯迴歸模型使用機率分數作為因變數的預測值。邏輯迴歸採用因變數為個案的機率的自然對數（稱為羅吉斯 [logit] 函數），並建立連續標準作為因變數的轉換版本。因此，在邏輯迴歸中，羅吉斯變換為因變數。最終效果是，儘管邏輯迴歸中的因變數是二項式（或分類，即只有兩個可能的值），但對數是進行線性迴歸的連續函數。這是一般的邏輯函數，橫軸是自變數，縱軸是羅吉斯因變數（圖 7-4）。

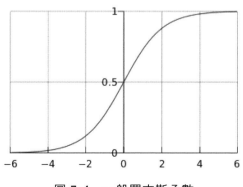

圖 7-4　一般羅吉斯函數

所有熱門的資料探勘平台都支援常規多元迴歸模型，以及邏輯迴歸選項。

迴歸的優缺點

迴歸模型非常受歡迎，因為它們具有以下優勢：

- 迴歸模型很容易理解，因為它們建立在相關性和最小平方誤差等基本統計原理之上。

- 迴歸模型提供了易於理解和使用的簡單代數方程式。

- 迴歸模型的強度（或擬合度）是根據相關係數和其他易於理解的相關統計參數來衡量的。

- 迴歸模型可媲美並超越其他建模技術的預測能力。

- 迴歸模型可以包含所有我們想要包含在模型中的變數。

- 迴歸建模工具無處不在。它們可以在統計和資料探勘套裝軟體中找到。Excel 試算表也提供簡單的迴歸建模功能。

然而，迴歸模型在許多情況下可能被證明是不合適的。

- 迴歸模型無法彌補資料品質不佳的問題。如果資料沒有去除闕漏值，或者在常態分佈方面表現不佳，則模型的有效性會受到影響。

- 迴歸模型存在共線性問題（意味著一些自變數之間存在高度線性相關性）。如果自變數之間有很強的相關性，它們就會相互蠶食對方的預測能力，迴歸係數就會失去穩固性。迴歸模型不會自動在高度共線性的變數之間進行選擇，不過一些軟體套件會嘗試這樣做。

- 如果模型中包含大量變數，則迴歸模型可能會變得笨拙且不可靠。輸入模型的所有變數都將反映在迴歸方程式中，無論它們對模型預測能力的貢獻如何。自動修剪迴歸模型的概念是不存在的。

- 迴歸模型不會自動處理非線性問題。使用者需要想像可能必須加到迴歸模型中以提高其擬合度的附加項類型。

- 迴歸模型僅適用於數值資料，不適用於分類變數。不過仍有一些方法，可以透過建立多個具有是 / 否值的新變數來處理分類變數。

時間序列分析 ·····

時間序列分析的目的，是根據以前的值來預測未來的值。時間序列分析與迴歸的不同之處，在於主要的自變數是時間。隨著時間推移所獲取的資料點，可能取決於先前時間段中的值。例如，業務績效通常取決於前期的績效。這當中可能有總體趨勢，也可能有季節性變化。即使模型中包含其他因素，天氣預測也是以時間序列為基礎。

在設計時間序列模型時，有兩個關鍵考慮因素。

- 移動平均線。如果時間序列呈現過去幾個時期的指標平均值，則可能更能反映趨勢。此序列經過平滑處理，以排除前期中任何特定的離散或突然變化，並呈現出更普遍的趨勢。例如，公共衛生統計資料通常每天報告出生、死亡、感染等的 7 天移動平均數。要達到平滑效果，可能需要更多或更少此種過去期間的資料。

- 自迴歸：前期的相對權重是另一個考慮因素。例如，前一週期可能比更早的週期更能反映趨勢。我們可以應用指數平滑因子（稱為阻尼 [damping]因子）。如果阻尼因子是介於 0 和 1 之間的分數 x，那麼分配的權重可能會減少每個前一週期的 x 乘數。例如，如果阻尼因子為 0.5，則上一期的權重為 1，再往前一期的權重為 0.5×1 ＝ 0.5。再前一期的權重為 0.5×0.5 ＝ 0.25，再前一期的權重為 0.25×0.5 ＝ 0.125。阻尼因子越高，在計算變數的未來值時，較早時期的值的權重就越低。

這是一個顯示這兩個概念的範例。

假設週期的銷售資料如下：

週期	銷售額
1	10
2	12
3	14
4	15
5	18
6	17
7	20
8	22
9	22
10	27
11	25
12	28

移動平均預測模型如下：

週期	銷售額	移動平均
1	10	#N/A
2	12	#N/A
3	14	12.00
4	15	13.67
5	18	15.67
6	17	16.67
7	20	18.33
8	22	19.67
9	22	21.33
10	27	23.67
11	25	24.67
12	28	26.67

下圖顯示了實際與移動平均預測值：

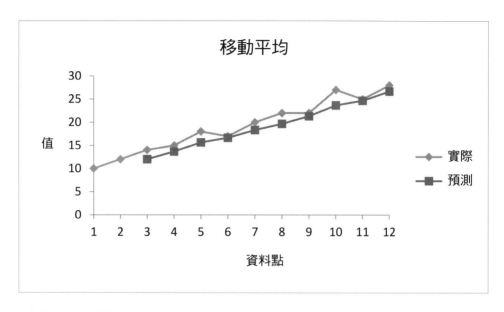

如果指數平滑曲線的阻尼因子為 0.5，則預測值將如下所示：

週期	銷售額	移動平均	指數平滑
1	10	#N/A	#N/A
2	12	#N/A	10.00
3	14	12.00	11.00
4	15	13.67	12.50
5	18	15.67	13.75
6	17	16.67	15.88
7	20	18.33	16.44
8	22	19.67	18.22
9	22	21.33	20.11
10	27	23.67	21.05
11	25	24.67	24.03
12	28	26.67	24.51

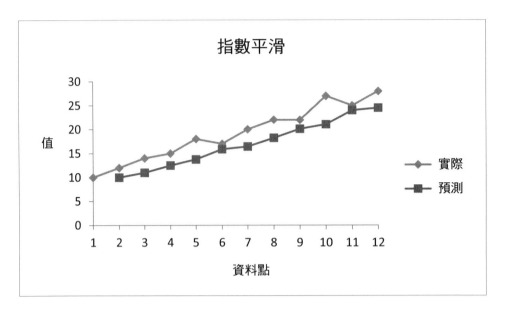

在這種情況下，可以看到移動平均模型比指數平滑因子更接近實際值。因此，我們會為此資料集選擇移動平均模型。在決定最佳模型之前，可以為手邊的資料集嘗試不同的模型。Microsoft Excel 以及其他資料探勘工具中都提供了這兩個功能。

結論 • • • • •

迴歸模型是簡單、靈活、視覺化／圖形化的工具，具有很高的預測能力。它們包括非線性和二元預測。迴歸模型是根據自變數在因變數中解釋的總變異量來評估的。迴歸模型應與其他資料探勘技術結合使用以確認結果。時間序列模型是一種特定的迴歸，透過使用對前期價值的移動平均或加權考量，依照時間來預測值。

自我評量 ⎯⎯⎯⎯⎯⎯⎯⎯⎯⎯⎯⎯⎯⎯⎯⎯⎯ •••••

- 什麼是迴歸模型？

- 什麼是相關性？什麼是相關係數？

- 什麼是散佈圖？它有什麼幫助？

- 將決策樹與迴歸模型進行比較和對比。

- 使用下面的資料，建立一個迴歸模型，從 Test1 分數預測 Test2。然後預測在 Test1 中得到 46 分的人，在 Test2 會得到幾分。

Test1	Test2
59	56
52	63
44	55
51	50
42	66
42	48
41	58
45	36
27	13
63	50
54	81
44	56
50	64
47	50

《 Liberty Store 案例練習：步驟 6 》

Liberty 希望預測其明年的銷售額，以進行財務預算。

年	國民生產毛額	客服電話數（千）	員工數（千）	項目（千）	營收（百萬元）
1	100	25	45	11	2000
2	112	27	53	11	2400
3	115	22	54	12	2700
4	123	27	58	14	2900
5	122	32	60	14	3200
6	132	33	65	15	3500
7	143	40	72	16	4000
8	126	30	65	16	4200
9	166	34	85	17	4500
10	157	47	97	18	4700
11	176	33	98	18	4900
12	180	45	100	20	5000

檢查相關性。哪些變數是強烈相關的？

建立一個最能預測營收的迴歸模型。

8

人工神經網路

人工神經網路（ANN）的靈感來自心／腦的資訊處理模型。人腦由數十億個神經元組成，這些神經元以錯綜複雜的方式相互連接。每個神經元從許多其他的神經元接收資訊，對其進行處理，受到的刺激不一，並將其狀態資訊傳遞給其他神經元。人工神經網路是深度學習和人工智慧系統背後的力量。

就像大腦是一個多用途系統一樣，人工神經網路也是非常靈活的系統。它們可用於許多種類的模式辨識和預測。它們也用來分類、迴歸、集群、關聯和優化活動，應用在金融、行銷、製造、營運、資訊系統應用程式等領域。

人工神經網路由大量高度互連的處理元素（神經元）組成，這些處理元素（神經元）在接收輸入、處理輸入並產生輸出的多層結構中工作。ANN 通常是為特定應用設計的，例如模式辨識或資料分類，並透過學習過程進行訓練。就像在生物系統中一樣，人工神經網路會在每個學習實例上對突觸連接（synaptic connections）進行調整。

人工神經網路就像一個被訓練來解決特定類型問題的黑箱，它們可以發展出高度預測能力。隨著系統獲取預測的回應，它們的中間突觸參數值會隨之演變，如此 ANN 便能從更多的訓練資料中學習（圖 8-1）。

圖 8-1 一般 ANN 模型

《 案例｜ IBM Watson － 醫學分析 》

醫療資訊量每五年翻一倍，其中大部分資料是非結構化的。醫生不可能看過所有可以幫助他們了解最新技術的期刊，也可能會有誤診的狀況發生，而客戶也愈來愈注意到這個現象。分析功能將把醫學領域轉變為「讓證據說話」的醫學。醫護人員要如何處理這些問題？

IBM 的 Watson 認知運算系統可以分析大量非結構化文字，並根據分析結果提出假設。醫生可以使用 Watson 來協助診斷和治療患者。首先，醫生可能會向系統描述症狀和其他相關因素，接著 Watson 會辨識關鍵資訊，並探勘患者的資料來找到有關家族史、目前用藥和其他現有狀況的相關事實。它將這些資訊與當前的測試結果相結合，然後透過檢查各種資料來源 —— 治療指南、電子病歷資料和醫護人員筆記，以及經過同行審查的研究和臨床研究，形成假設並進行測試。以此為基礎，Watson 可以為每個建議提供潛在的治療選項及信賴度等級。Watson 已部署在許多領先的醫療保健機構中，以提高醫療保健決策的品質和效率；協助臨床醫生從電子病歷（EMR）中的患者資訊裡找出有用見解；以及其他好處。

問題 1：IBM Watson 將如何改變未來的醫療？

問題 2：這項技術還可以應用於哪些產業或用途？

ANN 的商業應用

人工神經網路最常用於目標函數複雜、存在大量資料，而且模型預期在一段時間內得到改進的情況。範例應用有：

- 規則複雜的股價預測，而且需要非常快速地處理大量資料。

- ANN 用於文字辨識，如辨識手寫文字，或是已經毀損或扭曲的文字。也應用在辨識指紋，指紋的圖案複雜，每個人都有獨特的指紋；也能應用在視覺辨識，如臉部辨識系統。神經元層可以逐步解讀圖像，產生非常準確的結果。

● 它們也用在傳統的分類上，例如金融貸款的核貸申請。

人工神經網路的設計原則 ———————— •••••

● 神經元是網路的基本處理單元。神經元（或處理元件）從其前面的神經元（或 PE）接收輸入，在這些輸入的基礎上進行一些非線性加權計算，將結果轉換為輸出值，然後將輸出傳遞給網路（圖 8-2）中的下一個神經元。x 是輸入，w 是每個輸入的權重，y 是輸出。

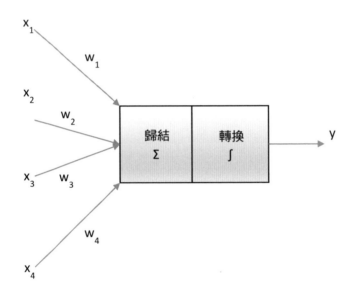

圖 8-2　單個人工神經元的模型

● 人工神經網路通常是多層模型。至少有一個輸入神經元、一個輸出神經元和至少一個處理神經元。具有這種基本結構的人工神經網路會是一個簡單的單級計算單元。一個簡單的任務可能只由一個神經元處理，結果可能很快就會傳達出來。但人工神經網路可能會具有按順序排列的多層處理元件。根據預測動作的複雜性，一個序列中可能涉及許多神經元。PE 層可以按順序工作，也可以並行工作（圖 8-3）。

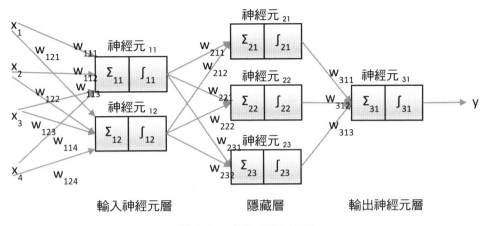

圖 8-3　多層 ANN 模型

- 每個神經元的處理邏輯可以為各種傳入的輸入流分配不同的權重。處理邏輯還可以使用從處理值到輸出值的非線性變換，例如 sigmoid 函數。這種處理邏輯以及中間權重和處理函數，正是讓整個系統能夠運作的關鍵，其目標是集體解決問題。它們身為單獨的權重並沒有意義或可解釋性。因此，人工神經網路被認為是一個不透明的黑箱系統。

- 人工神經網路可以透過在許多訓練案例中一遍又一遍地做出類似的決定來進行訓練。它會根據先前決策的回饋，調整其內部計算和通訊來繼續學習。因此，隨著時間的推移，人工神經網路能夠處理越來越多的決策，因此它們在做出決策方面會持續進步。

依據所需解決問題的性質以及良好訓練資料的可用性，神經網路到了某一刻將學習到足夠的知識，並開始與人類專家的預測準確性相比擬。在許多實際情況下，經過大量訓練資料並長期訓練的人工神經網路的預測，會開始變得比人類專家更準確。屆時便可以開始認真考慮在真實情況下使用 ANN。

神經網路的表示

神經網路是一系列神經元，從其他神經元接收輸入。他們對所有輸入進行加權求和函數計算，對每個輸入使用不同的權重（或重要性），然後使用傳遞函數將加權後的和，轉換為輸出值。

神經網路中的各種處理元素,依據預測的回饋來調整輸入和輸出之間的基礎關係(權重、傳遞函數等)時,ANN 就會進行學習。如果做出的預測是正確的,那麼權重將保持不變,但如果預測不正確,那麼參數值就會改變。

轉換(轉移)函數是適用於手邊任務的任何函數。ANN 的傳遞函數通常是非線性 sigmoid 函數。因此,如果標準化的計算值小於某個值(例如 0.5),則輸出值將為零。如果計算值處於臨界值,則輸出值為 1。它可能是非線性雙曲線函數,其輸出為 -1 或 1。許多其他函數可以設計來運用在任何或所有的處理元素上。

因此,在人工神經網路中,每個處理元素都可能具有不同數量的輸入變數、不同權重,以及不同的變換函數。所有的參數值都會相互支援和補償,直到整個神經網路學會如何提供使用者所期望的正確輸出。

構建神經網路 ‧‧‧‧‧

有許多方法可以使用簡單和開放的規則來構建 ANN 的功能,並且在每個階段都具有極大的靈活性。最熱門的架構是**帶有反向傳播學習**演算法的**前饋(feed forward)、多層的感知器**。這意味著系統中有多層 PE,神經元的輸出被餵至下一層的 PE;並且預測回饋被回饋到神經網路中進行學習。這本質上是前面段落所描述的靈活模型。表 8-1 呈現了不同應用領域的 ANN 架構。

表 8-1 不同應用領域的 ANN 架構

分類	前饋網路(MLP)、徑向基底函數和機率
迴歸	前饋網路(MLP),徑向基底函數
集群	自適應共振理論(ART)、自組織圖(SOM)
關聯規則探勘	霍普菲爾(Hopfield)網路

開發人工神經網路 ‧‧‧‧‧

開發神經網路需要資源、訓練資料、技能和時間。大多數資料探勘平台至少都會提供多層感知器（MLP）演算法來實現神經網路。其他神經網路架構包括了機率（Probabilistic）網路和自組織特徵圖。

構建 ANN 所需的步驟如下：

- 收集資料。分為訓練資料和測試資料。訓練資料需要進一步分為訓練資料和驗證資料。

- 選擇網路架構，例如前饋網路。

- 選擇演算法，例如多層感知。

- 設定網路參數。

- 使用訓練資料來訓練 ANN。

- 使用驗證資料驗證模型。

- 凍結權重和其他參數。

- 用測試資料來測試訓練過的網路。

- 當 ANN 的預測準確度達到標準時，就能正式運用。

訓練 ANN 需要將訓練資料分成三部分（表 8-2）：

表 8-2　ANN 訓練資料集

訓練集	此資料集是用來調整神經網路上的權重（～ 60%）。
驗證集	此資料集是用來減少過擬合並驗證準確度（～20%）。
測試集	此資料集僅用來測試最終解決方案，以確認網路的實際預測能力（～20%）。
k- 折交叉驗證	這種方法的意思是將數據分成 k 等份，使學習過程重複 k 次，每份都是訓練集。這個過程會造成更少的偏差和更高的準確性，但更耗時。

使用人工神經網路的優缺點 ——————— •••••

使用 ANN 有下列優點：

- 人工神經網路的使用限制很少。人工神經網路可以自行處理（辨識／建模）高度非線性的關係，而無需使用者或分析師做太多工作。它們有助於在演算法解決方案不存在或過於複雜的情況下，找到實用的資料驅動解決方案。

- 無需對神經網路進行程式撰寫，因為它們可以從範例中學習。它們會隨著使用而變得更好，而無需太多的程式撰寫。

- 它們可以處理各種問題類型，包括分類、集群、關聯等。

- ANN 可以容忍資料品質問題，不要求資料必須遵循嚴格的常態性和／或獨立性假設。

- 它們可以處理數值變數和分類變數。

- ANN 潛在而言比其他技術快許多。

- 最重要的是，一旦 ANN 接受了足夠的訓練，通常會達到比統計領域的其他技術更好的結果（預測和／或集群）。

主要的缺點是不容易解讀、解釋或計算。

- 它們被認為是黑箱解決方案，缺乏可解釋性，因此難以對外溝通，除非透過結果來證明。

- ANN 的優化設計仍然是一門藝術：它需要專業知識和廣泛的實驗。

- 處理大量變數（尤其是大量的標稱屬性 [nominal attriutes]）可能很困難。

- 訓練 ANN 需要大量資料集。

結論

人工神經網路是模擬人腦功能的複雜系統。它們用途廣泛，能夠以高準確度解決許多資料探勘任務。不過就像黑箱一樣，它們對預測背後的直覺性邏輯提供極少的指導。

自我評量

- 什麼是人工神經網路？它是如何運作的？

- 將人工神經網路與決策樹進行比較。

- 為什麼人工神經網路在監督和非監督學習任務上都很靈活？

- 若要使用人工神經網路來製作一個好的股價預測系統的話，需要什麼樣的目標函數和什麼樣的資料？

NOTE

9

集群分析

集群（cluster）分析是用來自動辨識事物的自然分組。它也被稱為區隔法（segmentation）。在這種方法中，彼此相似（或接近）的資料項目會被分類到一個集群中。同樣的，彼此非常不同（或相距很遠）的資料項目會被移動到不同的集群中。

集群分析（Cluster Analysis）是一種非監督式學習，因為沒有可以計算正確或錯誤答案的輸出或因變數。正確的集群數量或這些集群的定義，是無法提前得知的。集群技術只能向使用者建議，根據資料的特徵，多少集群數量是合理的。使用者可以根據自己的業務需求，指定不同的、更大或更小的所需集群數量。接著集群分析法將根據資料分析，定義出許多不同的集群，並為每個集群下定義。然而集群定義也有好壞之分，取決於集群參數與資料的擬合程度。

《 案例｜集群分析 》

有一家全國性保險公司透過獨立的保險業務員來銷售個人和小型商業保險產品，他們希望透過對客戶的進一步了解來增加銷售額。他們想舉辦一些直銷活動來提高市場佔有率，但不要與獨立保險業務員產生通路上的衝突。他們也想檢視不同的客戶分群的需求，以及個別細分市場的盈利能力。

此公司對 2000 戶投保汽車保險的美國家庭進行問卷調查，收集了態度、行為和人口統計資料。調查資料中也加入了地理與信用資訊。資料的集群分析揭示了五個大致相等的部分：

- 非傳統人群：有興趣透過網路或透過公司購買保險。

- 直接買家：有興趣透過直郵或電話購買。

- 預算意識：有興趣了解最少的理賠和找到最優惠的方案。

- 對保險業務員的忠誠度：對自身的保險業務員和高水準的個人服務表示強烈的忠誠度。

- 不麻煩：類似於保險業務員忠誠度，但對於面對面服務不太感興趣。
  （來源：greenbook.org）

問題 1：你會選擇哪些客戶群進行直銷？會造成通路衝突嗎？

問題 2：這種區隔方式是否適用於其他服務業？

集群分析的應用

集群分析可以運用在幾乎所有有大量交易的領域上。它有助於為子母體（subpopulations）提供特徵、定義和標籤。它能夠協助辨識客戶、產品、患者等的自然分組，也能協助辨識特定域中的異常值，從而減少問題的規模和複雜性。集群分析的一個主要商業應用是市場研究。根據客戶的特徵（需要和需求、地理位置、價格敏感度等）將客戶劃分為多個集群。以下是集群分析的一些範例：

- **市場細分**：根據相似性對客戶進行分類，例如他們的共同需求和付款傾向，可以進行有針對性的行銷。

- **產品組合**：將相似尺寸的人放在同一組，以製作 S 號、M 號和 L 號的服裝。

- **文字探勘**：集群可以依據內容相似性，將特定的文字文件分類成相關主題的集群。

集群的定義

集群的一個操作定義是，在 n 個對象中，根據一種相似度的度量找出 K 個組，使得同一組內的對象相似，但不同組中的對象不相似。

然而，相似性的概念可以用多種方式來解釋。集群的形狀、大小和密度可能不同。集群是模式，而模式可以有很多種。有些集群是傳統的類型，比如放在一起的資料點。另外也有代表圓周大小的點。或者以不同圓點代表不同集群的同心圓。資料中噪音的存在，使得集群的檢測更加困難。

一個理想的集群可以定義為一組緊湊且孤立的點。實際上,集群是一個主觀實體,需要具備該領域的專業知識才能解讀與詮釋其意義。在下面 12 個資料點的樣本資料中(圖 9-1),你可以看出多少個集群?

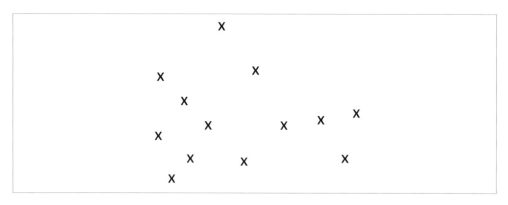

圖 9-1　視覺集群範例

看起來似乎有兩個大小大致相等的集群。但是你也可能看到三個集群,這取決於我們如何繪製分界線。這裡並沒有所謂的最佳計算方法,通常會使用啟發式演算法來定義集群的數量。

呈現集群

集群可以由中心值或模態值(modal value)來呈現。一個集群可以由屬於它的點集合的**中心**(centroid)來定義。**中心**是一組點之集中趨勢的度量。它是與所有點的最小平方距離最小的點。現實生活中的範例是市中心,因為此點被城市的所有組成部分認為是最容易使用的。就像所有城市都由它們的中心或市區定義一樣,集群也由它們的中心定義。

一個集群也可以由集群中最常出現的值來表示,亦即集群可以由它的模態值來定義。因此,「足球媽媽」*可算是呈現社會觀點的一個特定集群,儘管並非該集群的所有成員都必須有個踢足球的孩子。

---

* 　譯注:指北美中產階級、一般住在郊區的全職媽媽,她們負責接送小孩參加足球等課外活動,政治上被歸類為中間選民。

集群分析法

集群分析是一種機器學習法。集群結果的品質取決於演算法、距離函數和應用。首先，思考一下距離函數。大多數集群分析方法使用距離度量來計算項目對之間的接近度。距離度量的方式主要有兩種：歐幾里得距離（「如烏鴉飛翔」或直線）是最直覺的度量。另一種熱門的測量方法是曼哈頓（直角直線）距離，它只能在正交方向上移動。歐幾里得距離是直角三角形的斜邊，而曼哈頓距離是直角三角形兩條邊的和。還有其他距離度量，例如 Jacquard 距離（測量集合的相似性）或編輯距離（文字的相似性）等。

無論是哪種情況，集群演算法的關鍵目標都是相同的：

- 集群間距離→最大化；且

- 集群內距離→最小化

有許多演算法可以產生集群。有從建立特定數量的最佳擬合集群開始，由上而下的分層方法；還有一些是從辨識自然發生的集群開始，由下而上的方法。

最熱門的集群演算法是 K-means 演算法。它是一種由上而下的統計方法，將最小平方距離集群中心點最小化的方法。其他方法，例如神經網路，也用於集群。比較集群演算法是一項艱鉅的任務，因為集群並沒有一個正確數量。然而，演算法的速度，以及它在不同資料集上的靈活度是重要的標準。

以下是集群的一般性虛擬碼：

- 任意挑一個要建立的組別區段數量

- 從一些初始隨機選擇的組別中心值開始

- 將各資料項目分類到最近的組

- 計算出各組中心的新值

- 重複步驟 3 和 4，直到組收斂

- 如果此集群不令人滿意，請回到步驟 1 並選擇不同數量的組 / 區隔

使用不同數量的集群和這些點的不同位置，繼續這個集群分析過程。如果集群定義穩定，就可以被認定是好的，並且有益於手邊要達成的目標。否則就應使用不同數量的集群和組均值的不同起點，重新這個集群練習。

集群練習

這是一個簡單的練習，可以直覺地從資料中辨識集群。X 和 Y 是兩個維度。目標是確定集群的數量，以及這些集群的中心點。

X	Y
2	4
2	6
5	6
4	7
8	3
6	6
5	2
5	7
6	3
4	4

二維的 10 個項目的散佈圖顯示它們分佈相當隨機。以一種由下而上的方法來看，可以直覺地了解集群的數量及其中心（圖 9-2）。

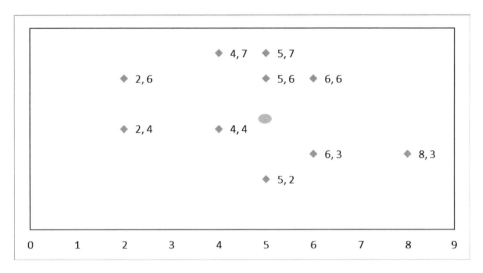

圖 9-2　初始資料點和中心（中心以實心圓表示）

這些點的分佈隨機到可以被認為是單一集群。實心圓代表這些點的中心點。

但是，點 (2,6) 和 (8,3) 之間的距離很大。因此，這些資料可以分為兩個集群。右下角的三個點可以組成一個集群，另外七個可以形成另一個集群。這兩個集群看起來像這樣（圖 9-3）。這兩個圓圈將成為新的中心。

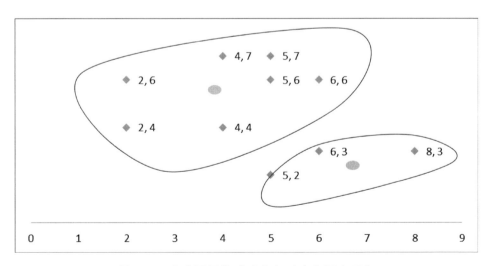

圖 9-3　分成兩個集群（中心以實心圓表示）

較大的那個集群似乎相隔太遠。因此，似乎頂部的 4 個點可以形成一個單獨的集群。這三個集群可能看起來像這樣（圖 9-4）。

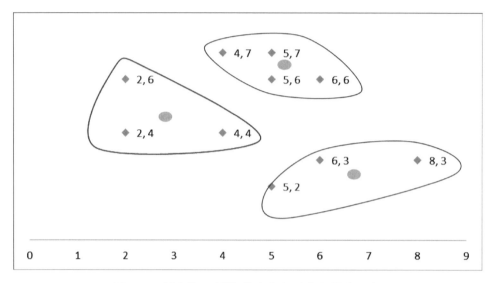

圖 9-4　劃分為三個集群（中心以實心圓表示）

此一解法會產生三個集群。右側的集群與其他兩個集群相距甚遠。但是，它的中心並不太接近所有資料點。頂部的集群看起來非常緊密，有一個很好的中心。左邊的第三個集群是分散的，可能沒有多大用處。

這是一個由下而上的練習，從特定的資料中直覺地產生三個最合適的集群定義。正確的集群數量將取決於資料，和資料的運用領域。

用於集群的 K-Means 演算法 ⎯⎯⎯⎯ •••••

K-means 是最熱門的集群演算法，它會迭代地計算集群及其中心。這是一種由上而下的集群方法。從特定數量的 K 個集群開始，比如 3 個集群，因此將建立三個隨機中心作為三個集群中心的起點。圓點是初始的集群中心（圖 9-5）。

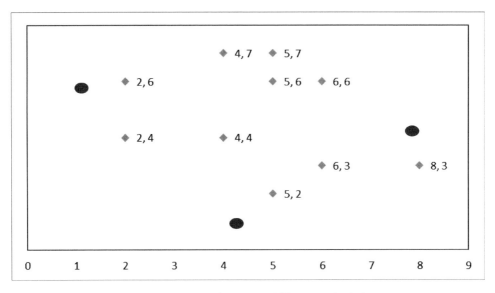

圖 9-5 　為三個資料集群隨機分配三個中心

第 1 步：對於每個資料點來說，距離值來自三個中心中的每一個。資料點將分配給距離中心最短的集群。因此，所有資料點都將分配給一個資料點或另一個（圖 9-6）。每個資料元素的箭頭顯示了該點所分配到的中心。

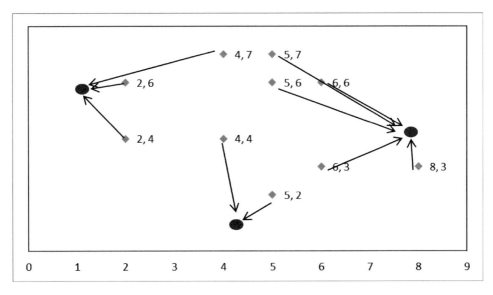

圖 9-6 　將資料點分配給最近的中心

第 2 步：現在重新計算每個集群的中心，使它最接近分配給該集群的所有資料點。虛線箭頭顯示中心從舊（陰影）值移動到修改後的新值（圖 9-7）。

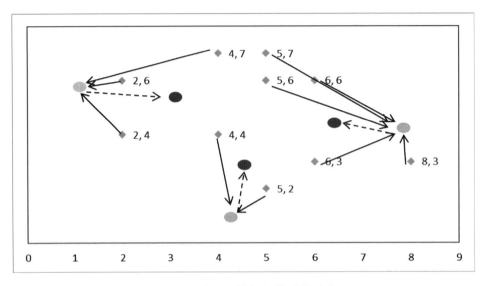

圖 9-7　重新計算每個集群的中心

第 3 步：再次將資料點分配給最接近它的三個中心（圖 9-8）。

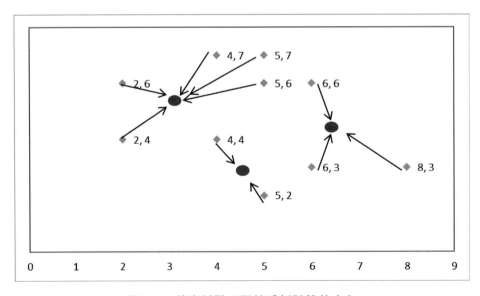

圖 9-8　將資料點分配給重新計算的中心

根據集群中的資料點，新的中心將被計算出來，直到最終中心的位置穩定下來。以下是此演算法計算出的三個集群。

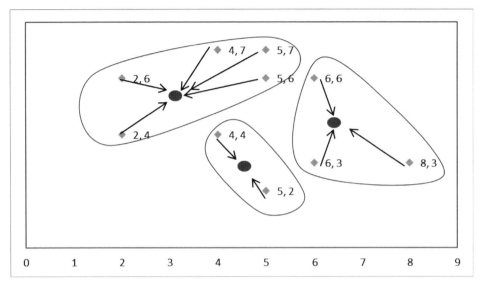

圖 9-9　重新計算每個集群的中心，直到集群穩定

顯示的三個集群是：中心 (6.5,4.5) 的 3 資料點集群、中心 (4.5,3) 的 2 資料點集群，和中心 (3.5,3) 的 5 資料點集群（圖 9-9）。

這些集群定義不同於從視覺上得出的定義。這是一個隨機起始中心值的函數。先前視覺練習中使用的中心點，與 K-means 集群演算法選擇的中心點不同。因此，應該使用此資料再次執行 K-means 集群練習，但使用新的隨機中心起始值。隨著演算法的多次迭代，集群定義很可能會穩定下來。如果集群定義不穩定，可能代表選擇的集群數量太高或太低。此演算法也應該使用不同的 K 值來執行。

實現 K-means 演算法的虛擬碼如下：

演算法 K-Means（K 個集群，D 個資料點列表）

1. 選擇 K 個隨機資料點作為初始中心

2. 重複直到集群中心穩定下來

    a. { 將 D 中的每個點分配到最近的 K 個中心；

    b. 使用集群中的所有點來計算集群的中心 }

選擇集群數量

k 值的正確選擇往往是模棱兩可的。它取決於資料集中分佈點的形狀和規模，以及使用者所需的集群分辨率。需要使用啟發式演算法來選擇正確的數字。我們可以繪製由集群解釋的變異量百分比與集群數量的關係圖（圖 9-10）。

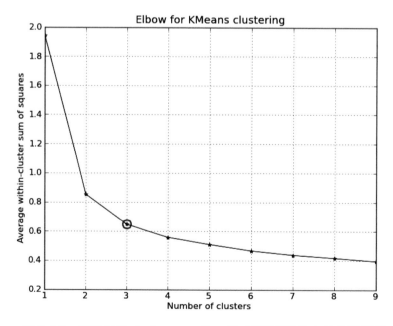

圖 9-10　用手肘法（elbow method）判斷資料集中的集群數量

第一個集群會添加更多資訊（因此呈現許多變異量），但在某些時候，變異量的邊際增益會下降，在圖表產生一個銳角，看起來像手肘。超出這個點之後，增加更多集群並不會增加太多增量價值。這就會是我們需要的 K。

為了更進一步處理資料並了解集群特徵，從少量集群開始通常是最好的，例如 2 個或 3 個，取決於資料集和應用領域。從應用的角度來看，可以根據需要後續增加數量。這有助於逐步理解資料和集群。

K-Means 演算法的優缺點

K-Means 演算法的優點是：

- 演算法簡單、易懂、容易執行。

- 效率高，因為集群 K-means 所花費的時間隨著資料點的數量線性增加。

- 通常不會有其他集群演算法比 K-Means 表現更好。

它的缺點是：

- 使用者需要指定 K 的初始值。

- 尋找集群的過程可能不會收斂。

- 它不適用於找出非超橢圓體（或超球體）的集群形狀。

使用適當的目標函數，人工神經網路也可以用來進行集群。神經網路會為每個集群產生適當的集群中心和集群群體。

結論

集群分析是一種實用的非監督式學習法，在許多商業情況中可將資料分割成有意義的小組。K-Means 演算法是一種簡單的統計方法，可以迭代地分割資料。但是，只有一種啟發式演算法可以選擇正確數量的集群。

自我評量 ⎯⎯⎯⎯⎯⎯⎯⎯⎯⎯⎯⎯⎯⎯⎯⎯⎯ •••••

- 什麼是非監督式學習？什麼時候使用？

- 集群分析對你所處產業的哪三項商業應用有所助益？請說明。

- 集群的中心是什麼？

- 描述 K-means 演算法的虛擬碼。

- 以下是一些志工的身高和體重資料。請為下列資料建立一系列集群，以判斷應該訂購幾種尺寸的 T 恤。

身高（英吋）	體重（磅）
71	165
68	165
72	180
67	113
72	178
62	101
70	150
69	172
72	185
63	149
69	132
61	115

《 Liberty Store 案例練習：步驟 7 》

Liberty 希望將客戶分類為合適數量的細分市場，以進行有針對性的行銷。以下是代表性客戶的列表。

客戶	交易數量	總訂購額	收入
1	5	450	90
2	10	800	82
3	15	900	77
4	2	50	30
5	18	900	60
6	9	200	45
7	14	500	82
8	8	300	22
9	7	250	90
10	9	1000	80
11	1	30	60
12	6	700	80

1：Liberty 的正確集群數量是多少？

2：它們的集群的中心是什麼？

NOTE

10

關聯規則探勘

關聯規則探勘是一種熱門的非監督式學習法，在商業應用中用來辨識購物模式。它也被稱為購物籃（market basket）分析，有助於發現變數（項目或事件）之間的關係（關聯性）。因此它可以幫助交叉銷售相關商品，並增加銷售量。

這種方式使用的所有資料都是分類類型的，沒有因變數（dependent variable），而是透過機器學習演算法得到結果，相關的文章經常引用「尿布銷售與啤酒之間的關係」來作例子。這個方法使用原始銷售點交易資料作為輸入。產生的輸出是關於項目之間最常見的相似性之描述。「訂購機票和飯店的顧客，在 60% 的情況下也會租車。」這樣的結論就是一個關聯規則例子。

《 案例 ｜ Netflix：娛樂業的資料探勘 》

Netflix 推薦引擎的背後為一系列的演算法，使用了數百萬客戶對數千部電影的評分資料。這些演算法中大多數都是基於「相似的觀看模式代表了相似的使用者品味」之前提。這套名為 CineMatch 的演算法指導 Netflix 的伺服器處理來自資料庫的資訊，以判斷客戶可能喜歡哪些電影。此演算法考慮了關於電影本身、客戶評分，以及所有 Netflix 使用者的綜合評分等許多因素。此公司估計，高達 75% 的觀眾活動是受到推薦而驅動的。根據 Netflix 的說法，這些預測在大約 75% 的情況下是有效的，而且觀賞了 CineMatch 推薦的電影的 Netflix 使用者，有一半會給這些電影五顆星評價。

為了找出符合條件的推薦，電腦必須：

1. 在 CineMatch 資料庫中搜尋曾對同一部電影（例如《絕地大反攻》）進行評分的人。

2. 判斷其中哪些人也評價了第二部電影，例如《駭客任務》。

3. 計算喜歡《絕地大反攻》的人也會喜歡《駭客任務》的統計可能性。

4. 繼續此過程以建立訂閱者對許多不同電影的評分之間的相關性模式。

Netflix 在 2006 年發起一項挑戰，想找出可以擊敗 CineMatch 的演算法。這場名為 Netflix Prize 的比賽，承諾送出 100 萬美元給第一個可以做到「依據使用者個人喜好來精準推薦電影」的人或團隊。參賽的演算法，需要證明它的準確度比 CineMatch 高 10%。三年後，100 萬美元的獎金頒給了一個七人團隊。（來源：http://electronics.howstuffworks.com）

問題 1：Netflix 客戶是否被操縱而看到 Netflix 想要他們看的東西？

問題 2：將這個故事與亞馬遜的推薦引擎進行比較。

關聯規則的商業應用

在商業環境中，模式或知識會有多種用途。在銷售和行銷中，它會用在交叉行銷和交叉銷售、目錄設計、電子商務網站設計、線上廣告優化，以及產品定價和銷售／促銷配置上。此分析可能會建議不要一次出售一件商品，而是推出捆綁銷售的產品，以套裝的方式來銷售其他賣得不好的商品。

在零售環境中，它可以用於商店設計。強烈相關的項目會被放在一起，方便顧客選購。但相關商品也可以故意放得比較遠，這樣顧客就必須走過陳列架，增加注意到其他商品的機會。

醫學上，這種方法可用於症狀和疾病之間的關係；診斷和患者特徵／治療；基因及其功能等等。

關聯規則的表示法

一般性的關聯規則在集合 X 和 Y 之間表示為：X ⇒ Y[S%, C%]

X,Y：產品和／或服務

X：左側（LHS）

Y：右側（RHS）

S：支持：X 和 Y 在資料集中的頻率 - 即 P(X∪Y)

C：信心水準：在特定 X 的情況下，發現 Y 的頻率 － 即 P(Y | X)

範例：{ 飯店預訂 , 航班預訂 } ⇒ { 租車 }[30%, 60%]

[注：P (X) 是 X 在資料集中出現的機率或機會的數學表示法。}

計算範例：

假設一個資料集中有 1000 筆交易。資料集中出現了 300 次 X 和 150 次 (X,Y)。

X ⇒ Y 的支持 S 將為 P(X∪Y)＝150/1000＝15%。

X ⇒ Y 的信心水準為 P(Y | X)；或 P(X∪Y)/P (X) ＝ 150/300 ＝ 50%

關聯規則演算法

並不是所有的關聯規則都很有趣或有用，只有那些強規則和那些經常出現的規則才是。在關聯規則探勘中，目標是找到滿足使用者所指定的**最小支持度**和**最小信心水準的所有規則**。無論使用何種演算法，它們產生的規則集都是相同的，也就是說，在特定交易資料集 T、最小支持度和最小信心水準下，T當中存在的關聯規則集是**唯一指定的**。

可用來產生關聯規則的演算法很多。最熱門的演算法有 Apriori、Eclat、FP-Growth，以及這三者的各種衍生演算法和混合演算法。所有演算法都有助於辨識頻繁的項目集，接著將它們轉換為關聯規則。

Apriori 演算法

這是用在關聯規則探勘上最熱門的演算法。目標是找到「至少最小數量的項目集皆共有」的一個子集。頻繁項目集的支持度，大於或等於最小支持度閾值。Apriori 屬性是向下封閉（downward closure）屬性，這意味頻繁項目集的任何子集也是頻繁項目集。因此，如果 (A,B,C,D) 是頻繁項目集，則任何子集如 (A,B,C) 或 (B,D) 也是頻繁項目集。

它使用由下而上的方法；而且頻繁子集的大小逐漸增加，從一項子集到兩項子集，然後是三項子集，以此類推。每個級別的候選組都經過測試以獲得最低支持。

關聯規則練習

下列有十幾筆銷售交易。售出的產品有六種：牛奶、麵包、奶油、蛋、餅乾和番茄醬。交易 #1 售出牛奶、蛋、麵包和奶油。交易 #2 售出牛奶、奶油、蛋和番茄醬等等。這裡的目標是使用此交易資料來找出產品之間的關聯性，也就是哪些產品經常一起售出。

假設這個商業需求需要將支持水準設為 33%；信心水準設為 50%。這代表我們決定只考慮那些在總交易集中出現頻率至少超過 33% 的項目集之規則。信心水準代表在這些項目集中，形式 X → Y 的規則應該是：在 X 發生的情況下，Y 發生的可能性至少為 50%。

交易列表

1	牛奶	蛋	麵包	奶油
2	牛奶	奶油	蛋	番茄醬
3	麵包	奶油	番茄醬	
4	牛奶	麵包	奶油	
5	麵包	奶油	餅乾	
6	牛奶	麵包	奶油	餅乾

7	牛奶	餅乾		
8	牛奶	麵包	奶油	
9	麵包	奶油	蛋	餅乾
10	牛奶	奶油	麵包	
11	牛奶	麵包	奶油	
12	牛奶	麵包	餅乾	番茄醬

第一步是計算單品項目集，也就是商品個別售出的頻率。

單品項目集	頻率
牛奶	9
麵包	10
奶油	10
蛋	3
番茄醬	3
餅乾	5

牛奶在 12 筆交易中售出了 9 筆。麵包在 12 筆交易中售出 10 筆。依此類推。

在每一點，我們都有機會選擇感興趣的項目集進行進一步分析。其他很少出現的項目集可能會被刪除。如果選擇在 12 次中出現 4 次或更多次的項目集，這就對應到「滿足 33% 的最低支持水準」的條件（12 次中有 4 次）。只有 4 件物品可以晉級。頻率滿足 33% 支持水準的項目是：

單品項目集	頻率
牛奶	9
麵包	10
奶油	10
餅乾	5

下一步是使用剛剛選擇的商品項目，進入下一級的項目集：2 品項項目集。

2 品項項目集	頻率
牛奶、麵包	7
牛奶、奶油	7
牛奶、餅乾	3
麵包、奶油	9
奶油、餅乾	3
麵包、餅乾	4

因此，（牛奶、麵包）在 12 次中售出 7 次。（牛奶、奶油）一起售出 7 次，（麵包、奶油）一起售出 9 次，（麵包、餅乾）售出 4 次。

然而，這些交易中只有四個達到了 33% 的最低支持水準。

2 品項項目集	頻率
牛奶、麵包	7
牛奶、奶油	7
麵包、奶油	9
麵包、餅乾	4

下一步是列出下一個更高級別的項目集：3 品項項目集。

3 品項項目集	頻率
牛奶、麵包、奶油	6
牛奶、麵包、餅乾	1
麵包、奶油、餅乾	3

因此，（牛奶、麵包、奶油）在 12 次中售出 6 次。（麵包、奶油、餅乾）在 12 次中售出 3 次。有一組 3 品項的項目集滿足最低支持要求。

3 品項項目集	頻率
牛奶、麵包、奶油	6

為這個支持水準建立一個 4 項項目集是不可能的。

建立關聯規則

在多品項項目集上，最有趣和最複雜的規則是從由上而下，從多品項數量且最頻繁的項目集開始。建立滿足最低支持水準和信心水準要求的關聯規則。

滿足支持要求的最高級別項目集是 3 品項項目集。下列項目集的支持水準為 50%（12 個項目中的 6 個）。

牛奶、麵包、奶油	6

這個項目集可能產生多個候選關聯規則。

從這個規則開始：（麵包，奶油）→ 牛奶。

總共有 12 筆交易。

X（範例中的麵包、奶油）出現 9 次；

X,Y（範例中的麵包、奶油、牛奶）出現 6 次。

此規則的支持水準為 6/12＝50%。此規則的信心水準為 6/9＝67%。此規則符合我們的支持 (>33%) 和信心水準 (>50%) 閾值。

因此，來自該資料的第一個有效關聯規則是：（麵包、奶油）→ 牛奶 {S=50%, C=67%}。

以完全相同的方式，檢視其他規則的有效性。

檢視規則：（牛奶、麵包）➜ 奶油。在總共 12 筆交易中，（牛奶、麵包）發生了 7 次；（牛奶、麵包、奶油）發生了 6 次。

此規則的支持水準為 6/12＝50%。此規則的信心水準為 6/7＝86%。此規則符合我們的支持 (>33%) 和信心水準 (>50%) 閾值。

因此，來自該資料的第二個有效關聯規則是：（**牛奶、麵包**）➜ **奶油** {S=50%, C=67%}。

檢視規則（牛奶、奶油）➜ 麵包。在總共 12 筆交易中，（牛奶、奶油）發生了 7 次，而（牛奶、奶油、麵包）發生了 6 次。

此規則的支持水準為 6/12＝50%。此規則的信心水準為 6/7＝86%。此規則符合我們的支持 (>33%) 和信心水準 (>50%) 閾值。

因此，下一個有效的關聯規則是：（**牛奶、奶油**）➜ **麵包** {S=50%，C=86%}。

因此，在 3 品項項目集級別只有三個可能的規則，並且所有規則都被發現是有效的。

我們可以進入下一個較低級別，並在 2 品項項目集級別產生關聯規則。

檢視牛奶、麵包的規則。在 12 筆交易中，牛奶發生了 9 次，而（牛奶、麵包）發生了 7 次。

這個規則的支持水準為 7/12＝58%，信心水準為 7/9＝78%，符合我們的支持（>33%）和信心水準（>50%）閾值。

因此，下一個有效的關聯規則是：**牛奶** ➜ **麵包** {58%,78%}。

如果需要的話，我們可以衍生出許多這樣的規則。

並非所有此類關聯規則都有意義。客戶可能只對他們想要實施的前幾條規則感興趣。被接受的關聯規則數量取決於商業需求。在商業中實施每條規則都需要成本和努力，而且各有不同的收益潛力。支持度和信心水準較高的最強規則應首先實施，其他規則應在後續逐步實施。

推薦引擎 ·····

推薦引擎使用關聯規則探勘來推薦最有可能的後續步驟或產品推薦。Amazon.com 和 Netflix.com 都利用這項技術向消費者推薦下一個產品或電影。LinkedIn 用它來推薦下一組潛在的社交連結對象。Facebook 用它來判斷應該向客戶發送哪些最有可能被點擊的訊息。

推薦引擎可以透過三種不同的方式,推薦「顧客在購買另一種產品後最有可能購買的」產品。

- 產品簡介。這是直接使用關聯規則。假設顧客已購買了某個產品,那麼他也購買某個其他產品的信心水準是多少。具有高信心水準的關聯規則可用於推薦新產品。

- 個人資料。企業可以根據客戶過去的產品購買歷史,建立客戶的個人資料。如此一來,當他們購買某一種商品時,便可以推薦該顧客過去消費過的同類商品。

- 協同過濾(collaborative filtering)。另一個版本的推薦系統是以社群網路為基礎。企業可以找出顧客與朋友的消費歷史之間的共同點。朋友的概念可以擴展為包括具有大致相似概況的人。善用這些朋友的購買模式,可以為顧客未來的產品購買產生更高可能性的推薦。

當然,這些方法可以搭配使用,以提高推薦的品質。AI 引擎可以消化大量的使用者事件(例如點擊或消費模式)來產生使用者檔案和推薦。

結論 ·····

關聯規則有助於找出交易中的產品之關聯性。它有助於使交叉銷售的建議更有針對性和有效性。Apriori 法是最熱門的方法,它是一種機器學習法。它透過辨識頻繁的項目集來運作。最頻繁的項目集可以轉換為關聯規則,具有最小的支持水準和信心水準。

自我評量 ⎯⎯⎯⎯⎯⎯⎯⎯⎯⎯⎯⎯⎯⎯⎯ ● ● ● ● ●

- 什麼是關聯規則？它們可以提供什麼幫助？應該產生多少個關聯規則？

- Apriori 演算法是如何運作的？什麼是頻繁項目集？

- 什麼是支持和信心水準？

- 推薦引擎可以透過哪些不同的方式來決定下一步要推薦什麼？

《 Liberty Store 案例練習：步驟 8 》

這是來自 Liberty 商店的交易列表。為以下資料建立關聯規則。支持水準為 33%，信心水準為 66%。

	大麥	玉米	鷹嘴豆	小米	米	小麥
1	1	1	1	1	1	1
2		1		1	1	1
3	1		1		1	1
4		1	1		1	1
5	1		1	1		
6			1		1	1
7	1			1	1	1
8				1	1	1
9	1	1	1	1		
10	1	1	1		1	1
11		1				
12	1	1		1	1	1

PART III

進階探勘

本篇介紹進階探勘技術,包括文字和網路探勘。

- 第 11 章介紹文字探勘,也就是從文字中產生見解的藝術
  和科學。在社群媒體時代,它非常重要。

- 第 12 章介紹常用於文字資料探勘問題(如垃圾郵件過濾)
  的單純貝氏分類法。它包括兩個已解決的問題。

- 第 13 章介紹支援向量機,這是一種機器學習法,也經常
  用於文字資料探勘問題,例如垃圾郵件過濾。

- 第 14 章介紹網路探勘,也就是從網際網路中產生見解的
  藝術和科學,以及其內容和用途。在大量廣告和銷售轉移
  到網路的數位時代,這一點非常重要。

- 第 15 章介紹社群網路分析,這是一門探討網路使用者間
  的互動和影響模式的藝術和科學。從人際之間的通訊網路
  到網站與網際網路,它的應用範圍十分廣泛。

11

文字探勘

文字探勘是從有組織的文字資料庫集合中發現知識、見解和模式的藝術和科學。文字探勘有助於對重要術語及其語義關係進行頻率分析。

在全球不斷增長的資料中，文字是一個重要的組成部分。社群媒體技術讓使用者成為文字和圖像、以及其他類型資訊的生產者。文字探勘可應用於大規模社群媒體資料，用於收集偏好和測量情緒。它也可以應用在社會、組織和個人的規模上。

文字探勘是一個發展快速的研究領域。隨著社群媒體和其他文字資料量的增加，產生了對文字中有意義的資訊進行有效的抽象和分類的需求。人工智慧工具徹底改變了文字探勘。亞馬遜的 Alexa、蘋果的 Siri 等語音聊天工具，在聆聽和辨識文字並對其採取行動上，已達到顯著的準確性。

《 案例 ｜ WhatsApp 和私人安全 》

你認為自己發布到社群媒體上的內容還是屬於自己的嗎？這點值得深思。市面上有一款新的儀表板，能夠顯示有多少個人資訊已曝光，以及這些企業如何想方設法將這些資訊用在商業利益上。這是 Jennifer 和 Nicole 兩個人 45 天內對話的儀表板。

Nicole 和 Jennifer 聊到各種話題，如電腦、政治、洗衣、甜點。Jennifer 的個人想法和語氣是非常積極的，而且相對起來，她對 Nicole 有更多的回應，顯示 Nicole 是她們關係中的影響者。

資料視覺化呈現了 Jennifer 的活動時間，顯示她在晚上 8:00 左右最活躍，並在午夜左右上床睡覺。她的談話中有 53% 是關於食物的，還有 15% 是關於甜點的。也許她是推播餐廳或減肥廣告的好對象。

在這次談話中暴露的最私人的細節，是 Nicole 和 Jennifer 討論了右翼民粹主義、激進政黨和保守政治。這個例子證明了能夠從你的 WhatsApp 對話中所取得的私人資訊量是無限的，且具有潛在危險性。

WhatsApp 是世界上最大的通訊服務，有超過 4.5 億使用者。Facebook 以高達 190 億美元的價格收購了這家公司。人們在 WhatsApp 上分享很多敏感的個人資訊，這些他們甚至可能不會與家人分享。

（資料來源：「Facebook 從一次 WhatsApp 對話中了解關於你的哪些事」，作者 Adi Azaria，2014 年 4 月 10 日於 Linked In 上發表）。

問題 1：這種分析的商業和社會影響是什麼？

問題 2：你擔心嗎？你應該擔心嗎？

文字探勘適用於來自任何商業或非商業領域的幾乎任何來源的文字，格式包括 Word、PDF、XML、文字訊息等。以下是一些代表性範例：

- **法律界**，文字來源包括法律、法庭審理、法庭命令等。
- **學術研究**，包括採訪文字、發表的研究論文等。
- **金融領域**，包括法定報表、內部報告、財務長聲明等。
- **醫學方面**，包括醫學期刊、患者病史、出院報告等。
- **行銷方面**，包括廣告、客戶評論等。
- **科技和搜尋領域**，包括專利申請、網路上的所有資訊等等。

文字探勘應用 · · · · ·

對於知識從業者來說，文字探勘是他們手上汲取與歸納相關知識的實用工具。文字探勘可用於跨行業部門和應用領域，包括決策支持、情緒分析、欺詐檢測、調查分析等等。

1. **行銷**：客戶的評論可以以其原生和原始格式獲取，然後分析客戶偏好和投訴。

   a. 社交角色是一種用於開發不同客戶群的集群方法。來自社群媒體來源（如評論、部落格和推文）的消費者意見，包含了許多可用於預期和預測消費者行為的領先指標。

b. 「聆聽平台」是一種文字探勘應用程式，它能夠即時收集社群媒體、部落格和其他文字回饋，並過濾掉聊天內容以汲取真實的消費者情緒。這些見解可以帶來更有效的產品行銷和更好的客戶服務。

c. 客服電話中心的對話和記錄可以加以分析，來了解客戶投訴的模式。決策樹可以將這些資料分類，以做出有助於產品管理活動的決策選擇，並主動避免這些投訴。

2. **商業營運**：商業運作的許多方面都可以透過分析文字來準確衡量。

a. 社群網路分析和文字探勘可以應用於電子郵件、部落格、社群媒體和其他資料，以衡量員工群體的情緒狀態和情緒。情緒分析可以揭示員工不滿的早期跡象，然後可以主動管理。

b. 研究投資者的情緒，並使用社群網路的文字分析來衡量大眾心理，有助於獲得卓越的投資回報。

3. **法律**：在法律應用上，律師和律師助理可以更輕鬆地搜尋案件歷史和法律，以找出特定案件的相關文件，提高勝訴的機會。

a. 文字探勘也嵌入在 e-discovery 平台中，有助於最大限度地降低共享法定文件過程中的風險。

b. 病歷、證詞和客戶會議記錄可以揭示更多資訊，例如醫療保健情況中的發病率，有助於預測高成本的意外並避免支出。

4. **政府和政治**：政府可能因為一則突尼西亞水果商引火自焚的推文而被推翻。

a. 大規模社群媒體資料的社群網路分析和文字探勘，可用來測量組成人群的情緒狀態和情緒。在民主選舉中競選時，使用從社群媒體分析中收集到的特定資訊來針對選民精準投放（micro-targeting），更有效地利用資源。

b. 在地緣政治安全方面，它可以處理網路聊天以獲得即時資訊，並辨識出新出現的威脅。

c. 在學術上，研究流（research streams）可以進行統合分析（meta-analysis）來找出潛在的研究趨勢。

文字探勘過程

文字分析的第一級是辨識常用詞。首先從手邊的所有文件中產生一袋重要的單詞，接著文字（文件或較短小的訊息）就可以依據它與特定詞袋的符合程度進行排名。然而，這種方法有些問題。例如，單詞的拼寫可能略有不同，或者不同的字詞可能具有相似的含義。

下一個級別是從單詞中辨識有意義的詞組。「蛋」和「糕」是兩個不同的關鍵字，它們經常一起出現。然而，將這兩個詞組合成「蛋糕」，就是一個更有意義的詞組。其他有類似有意義的詞組如「蘋果派」。

下一個更高級別是主題。多個詞組可以組合成主題，因此將上面的蛋糕和蘋果派這兩個詞組放在一個普通的籃子裡，這個籃子就可以稱為「甜點」。

文字探勘是一個半自動化的過程。文字資料需要透過三個步驟進行收集、結構化和探勘（圖 11-1）。

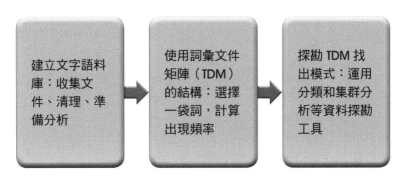

圖 11-1　文字探勘架構

- 文字和文件首先被收集到一個語料庫中，並歸納成一個詞袋。

- 接著分析語料庫的結構，最後產生一個矩陣，將重要術語對應到來源文件。這稱為詞彙文件矩陣或 TDM。

- TDM 中的結構化資料就可以進行單詞結構、序列和頻率的分析。

163

詞彙文件矩陣 ⎯⎯⎯⎯⎯⎯⎯⎯⎯⎯⎯⎯ • • • • •

這是結構化過程的核心。自由流動的文字可以在 TDM 中轉換為數字資料,然後使用一般資料探勘方法對它進行探勘。

● 有幾種有效的技術可以從文字中辨識關鍵詞彙。也有一些效率較低的技術可用於從中抓出主題。出於本次討論的目的,我們可以將關鍵詞、詞彙或主題稱為「焦點詞彙」。這種方法會測量已選定的重要詞彙在每個文件中出現的頻率。它會建立一個 t x d 大小的詞彙文件矩陣,其中 t 是單詞 / 詞彙的數量,d 是文件的數量(表 11-1)。

● 要建立 TDM,需要選擇要包含的詞彙。選擇的詞彙應該要反映文字探勘練習的既定目的。詞彙列表應根據需要盡可能廣泛,但不應包括會混淆分析或拖慢運算的不必要內容。

表 11-1 詞彙文件矩陣

文件 / 詞彙	詞彙文件矩陣				
	投資	獲利	快樂	成功	…
文件 1	10	4	3	4	
文件 2	7	2	2		
文件 3			2	6	
文件 4	1	5	3		
文件 5		6		2	
文件 6	4		2		
…					

以下是建立 TDM 時的注意事項。

● 將大量文件對應到一大袋單詞時,如果它們的共同單詞很少,可能就會產生非常稀疏的矩陣。降低資料的維度將有助於提高分析速度和結果的意義,因此一些預先處理會有幫助。例如,同義詞或具有相似含義的詞彙應該組合在一起,並且應該一起計算,作為共通詞彙。這將有助於減少不同單詞或「標記」(token)的數量。

- 資料應該清理拼寫錯誤。常見的拼寫錯誤應該忽略，詞彙應該合併，大寫和小寫詞彙也應該合併。

- 在使用同一詞彙的許多變體時，應該只使用主要詞語來減少詞彙的數量。例如，「客戶訂單」、「下訂」、「訂單資料」等詞彙應該組合成一個標記詞「訂單」。同樣的，例如「快樂」和「幸福」可以合併成一個詞。

- 另一方面，同音異義詞（拼寫相同但含義不同的詞彙）應單獨計算。這將提高分析的品質。例如，「order」一詞可以表示客戶訂單，或某些排序。這兩個應該分開處理。「老闆下令（order）客戶訂單（order）資料分析按時間順序（order）呈現」中，顯示了「order」一詞的三種不同含義。因此，手動檢查 TDM 是需要的。

- 在極少數文件中出現極少的詞彙應該從矩陣中刪除。這有助於提高矩陣的密度和分析的品質。

- 矩陣的每個單元格中的度量，有幾種可能性。它可以是對文件中每個詞彙出現次數的簡單計數；也可能是該數字的紀錄（log）。它可以是將頻率數量除以文件中的單詞總數所計算出來的分數，或是一個二進位的值，呈現某個詞彙是否出現在矩陣中。單元格中的值，將取決於文字分析的目的。

在此分析和清理結束時，一個結構良好、稠密的矩形 TDM 就準備好進行分析了。所有可用的資料探勘技術都可以用來探勘 TDM。

探勘 TDM

探勘 TDM 可以汲取模式 / 知識。各種資料探勘技術都可以應用於 TDM 來探勘新知識。

一個簡單而獨特的文字探勘應用，就是將詞頻視覺化。可以透過「文字雲」的形式，做出非常吸引人且色彩豐富的呈現。刪除介係詞等常用詞後，就可以建立文字雲。我們可以針對前 n 個詞，例如前 100 個詞，來關注文件中使用的關鍵詞彙。下列文字雲呈現了美國總統歐巴馬一場有關恐怖主義主題的演講。

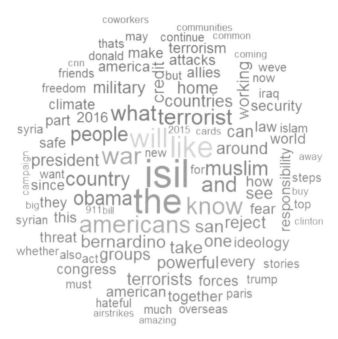

圖 11-2　美國總統某場演講最常出現的前 100 個字詞所構成的文字雲

重點詞彙的預測器，可以透過預測技術（例如迴歸分析）來實現。假設「利潤」這個詞是文件中的一個重點詞彙。文件中「利潤」一詞的出現次數可以與 TDM 中的許多其他詞彙進行迴歸比對。各種預測變數的係數的相對強度，將顯示這些詞彙對於建立利潤討論的相對影響。

預測文件受到喜歡的機率，是另一種分析形式。例如，CEO 或 CFO 對投資者的重要演講可以進行品質評估。有了這些文件的分類（例如好或差的演講），便可以使用 TDM 的詞彙來預測語音類別。構建一株簡單的決策樹，只包含幾個決策點，便可以在 80% 的情況下預測演講成功與否。這株樹可以用更多的資料進行訓練，隨著時間的推移變得更好。

集群法可以依照共同特徵對文字文件進行分類。例如出現「投資」和「獲利」等詞彙的文件通常可以綁在一起。同樣的，包含「客戶訂單」和「市場行銷」的文件通常也可以綁在一起。因此，一些嚴格劃分的捆綁包便可以抓住整個 TDM 的精髓。因此，這些捆綁包可以協助進一步的處理，例如將選定的文件移交給其他人以進行法律上的探勘。

關聯規則分析可以顯示共存關係。因此,我們可以説「美味」和「甜」這兩個詞經常一起出現(比如 5% 的情況下);此外,當這兩個詞出現時,70% 的情況下,「幸福感」這個詞也會出現在文件中。

比較文字探勘和資料探勘

文字探勘是一種高階形式的資料探勘,使用非結構化文字資料。文字探勘和資料探勘之間有許多共同的元素,但也有一些關鍵性的差異(表 11-2)。關鍵區別在於,文字探勘需要在進行資料探勘之前,先將文字資料轉換為頻率資料。

表 11-2　文字探勘和資料探勘之比較

維度	文字探勘	資料探勘
資料性質	非結構化數據:單詞、短語、句子	數字;字母和邏輯值
使用的語言	世界上使用的許多語言和方言;許多語言已經滅絕,新的文件被發現	世界各地類似的數字系統
清晰度和精確度	句子可能模棱兩可;情緒可能與言語相矛盾	數字很精確
一致性	文字的不同部分可能相互矛盾	資料的不同部分可能不一致,因此需要進行統計的顯著性分析
情緒	文字可能會在一個連續統一體中呈現清晰、一致或混合的情緒。口語增加了更多的情感	不適用
品質	拼寫錯誤。專有名詞的不同值,例如名稱。語言翻譯品質參差不齊	闕漏值、異常值等問題
分析性質	關鍵字搜尋;主題共存;情緒探勘	針對關係和差異的全方位統計和機器學習分析

文字探勘最佳做法 ⎯⎯⎯⎯⎯⎯⎯⎯⎯⎯ ● ● ● ● ●

許多適用於使用資料探勘技術的最佳做法，也適用於文字探勘。

- 首要、也是最重要的做法是，提出正確的商業問題。一個好的問題可以提供答案，並會為企業組織帶來巨大回報。目的和關鍵問題將決定 TDM 的製作方式和詳盡度級別。例如，為了簡單搜尋而定義的 TDM，與用於複雜語義分析或網路分析的 TDM 會有不同。

- 第二個重要的做法是，在為解決方案提出富有想像力的假設時，要保持創造性和開放性。跳出框架的思考很重要，無論是在提出解決方案的品質上，還是在尋找測試假設解決方案所需的高品質資料集上。舉例來說，消費者情緒資料的 TDM 與客戶訂單資料應該結合起來，以全面了解客戶行為。組織一個結合了技術和商業技能的團隊非常重要。

- 另一個重要因素是迭代地解決問題。太多的資料會使基礎設施不堪重負，也會使頭腦混亂。最好使用較簡單的 TDM 來分而治之，用更少的詞彙和更少的文件和資料來源。依據需求，以迭代的步驟順序逐步擴展。未來可以添加新的詞彙來協助提高預測準確性。

- 使用各種資料探勘工具來測試 TDM 中的關係。不同的決策樹演算法可以與集群分析和其他技術一起執行。使用多種方法和許多假設場景對結果進行三角測試，有助於建立對解決方案的信心。在確認執行之前，先以多種方式測試解決方案。

結論 ⎯⎯⎯⎯⎯⎯⎯⎯⎯⎯⎯⎯⎯⎯⎯⎯⎯⎯ ● ● ● ● ●

文字探勘正在深入研究非結構化文字，以發現有關商業的寶貴見解。文字被收集起來，然後根據文件語料庫中詞袋的頻率，構成一個詞彙文件矩陣。接著這個矩陣就能加以探勘，以獲得有用的、新穎的模式和見解。雖然方法很重要，但是第一步應該好好地理解商業目標，並始終牢記在心。文字雲是一種重要且獨特的文字探勘應用。

自我評量 ⎯⎯⎯⎯⎯⎯⎯⎯⎯⎯⎯⎯⎯⎯⎯ •••••

- 什麼是文字探勘？為什麼文字探勘在社群媒體時代有用？

- 文字探勘可以解決哪些問題？

- 在文字中可以找到什麼樣的情緒？什麼是文字雲？

針對下列三則銷售演講進行文字探勘分析。

- 您知道團隊的 PowerPoint 技能也能被強化嗎？是的，我能協助貴團隊提升 PowerPoint 技能。我教人如何在商業活動中更有效地運用 PowerPoint。舉例來說，目前我正與一家全球顧問公司合作，訓練他們的資深顧問做出更好的銷售簡報，讓他們能夠拿到更多訂單。

- 我的工作是訓練學員如何判斷他們的 PowerPoint 簡報是不是一團糟。參加我的課程的學員，都會在上課前跟上課後分別為彼此的簡報進行互評，在結束訓練課程之後，互評的分數，無論是清晰度或說服力皆有 50% 以上的進步幅度。我不確定這樣的訓練是否適用於貴公司。但我很樂意先與您聊聊。

- 大多數商界人士都會使用 PowerPoint，但您知道大部分的人都用得很糟嗎？是的，不良的簡報造成各種惡果，像是無法成交、好點子被忽視、浪費太多時間在製作簡報上（這些時間本來可以用來研發或執行策略的）。我將告訴各位如何運用 PowerPoint 來贏得訂單、讓好點子受到注意、將寶貴的時間運用在更重要的事情上。

目標是選出最好的演講。

1：你會如何選擇合適的詞袋？

2：如果演講 #1 是最好的演講，使用 TDM 來建立一個好的演講規則。

《 **Liberty Stores** 案例練習：步驟 9 》

以下是 Liberty 接到的客服電話中的一些評論。

1. 我喜歡這件襯衫的設計，尺寸非常適合我，不過布料感覺很薄。我打來是想知道能不能換貨或退款。

2. 我下班晚了，跑來買些日用品，但我還在購物時經理就把店門拉下來了，實在令人不滿。

3. 我過去買花，結帳的隊伍很長。經理雖然很有禮貌但沒有開新的收銀台，害我約會遲到。

4. 經理承諾產品有貨，但是我去到那裡時產品卻沒貨，害我白跑一趟。造成我的不便，經理應該做補償。

5. 當我的外賣訂單出現問題時，店長及時與我聯繫，並迅速解決問題，立即幫我送來替代餐點。服務很貼心。

建立一個不超過 6 個關鍵詞彙的 TDM。[提示：將每條評論視為文件]

12

單純貝氏分析

單純貝氏（Naïve Bayes）是一種監督學習法，使用機率理論的分析。它是一種機器學習技術，能在給定的分類事前機率下，計算某一實例在眾多目標分類中歸屬各類別的機率。單純貝式技術通常運用於將文字型的文件分類到多個預定義的類別中。

《 案例｜政府合約中的欺詐檢測 》

巴西審計法院 TCU 希望使用資料探勘來更有效地利用資源，以檢測政府交易中的欺詐行為。他們希望能夠找出可以辨識高詐欺機率案子的方式。單純貝氏分類器的用途是為每個案例分配一個風險因素。

審計單元（audit universe）是採購、合約、資產、計劃、公務人員或承包商的集合。此審計單元是巴西聯邦政府在 1997 年至 2011 年間簽署的所有公共合約中，公共和私人簽約雙方的集合，總計近 800,000 對，協助審計機構從被動欺詐檢測模型，轉換到主動欺詐檢測模型。

其次，與整體相關的審計單元的風險因素已確認。風險因素包括專案相關因素以及外部因素。

這裡用了單純貝氏演算法分析，來計算具風險之合約的機率分佈。這些機率被用來計算 800,000 對公共和私人簽約方的欺詐條件機率。可審計單位依照高風險機率進行排序，並依照總風險評分。結果發現將近 2500 對的高風險機率得分高於 99%。經過排序的審計單元接著被用來制訂審計計劃。

問題 1：這個分析對巴西政府和人民有什麼好處？如何改進這種分析？

問題 2：找出另一個可能受益於類似此單純貝氏分析的環境？

機率

機率被定義為某事發生的機會。因此，機率值的範圍是從 0 到 1；0 表示沒有機會，1 表示完全確定。根據過去的事件記錄，就能評估未來發生某事的機率。例如將某個時間段內與航空事故相關的死亡總數，除以該期間飛行的總人數，可評估死於航空事故的機率。接著便可以比較這些機率來得出結論，例如各種事件類型的安全級別。例如，過去的資料可能顯示，死於航空事故的機率低於死於雷擊的機率。

單純貝氏演算法的特殊之處在於，它考慮了某個項目屬於某個類別的先驗機率，以及該項目屬於該類別的最近追蹤記錄。

- 貝葉斯這個詞指的是貝氏分析（基於數學家 Thomas Bayes 的發明），它不僅根據最近的記錄，而且根據先前的經驗來計算新發生的機率。

- Naïve 這個詞代表了一個強烈的假設，即實例的所有參數 / 特徵都是獨立變數，相關性很小或沒有相關性。因此，如果要透過身高、體重、年齡和性別來辨識個人，則所有這些變數都被假定為彼此獨立。

單純貝氏演算法簡單易懂，執行速度快。它在多類預測中也表現良好，例如在目標分類除了二分法的「是 / 否」選項之外還有多個選項時。與數值變數相比，即使輸入的是分類變數，單純貝氏也能表現良好。

單純貝氏模型

概括地說，單純貝氏是一種用在分類目的上的條件機率模型。

它的目標是找到一種使用自變數 (X) 的向量來預測類變數 (Y) 的方法，也就是找到函數 f：X → Y。在機率方面，目標是找到 P(Y|X)，即在特定 X 的情況下，Y 屬於某個類別的機率。Y 通常會被假設為具有兩個或多個離散值的分類變數。

假設有一個要進行分類的實例,以一個表現了一些 n 個特徵(自變數)的向量 $x = (x_1,...,x_n)$ 來表示,單純貝氏模型會將屬於任何 K 個類的機率分配給一個實例。具有最高後驗機率的分類 k,是最終分配給實例的標記。

後驗機率(屬於分類 k)是透過先驗機率和當前概似值(likelihood)的函數來計算的,如下面的等式所示:

$$p(C_k \mid \mathrm{x}) = \frac{p(C_k)\,p(\mathrm{x} \mid C_k)}{p(\mathrm{x})}$$

$p(C_k|\textbf{\textit{x}})$ 是特定**預測變數** X 的 k 類的後驗機率。

$p(C_k)$ 是分類 k 的先驗機率。

$p(\textbf{\textit{x}})$ 是**預測器**的先驗機率。

且 $p(\textbf{\textit{x}}|C_k)$ 是給定類別的**預測器**之當前概似值。

簡單分類範例

有一家美髮沙龍想要預測新客戶所需的服務。假設他們只提供兩種服務:剪髮 (R) 和美甲 (M)。因此要預測的值是:下一個客戶是 R 還是 M。分類數量 (K) 為 2。

第一步是計算先驗機率。假設過去一年收集的資料顯示,在此期間,R 有 2500 名客戶,M 有 1500 名客戶。因此,R 的下一個客戶的預設(或先驗)機率是 2500/4000 或 5/8。依此類推,下一個客戶為 M 的預設機率是 1500/4000 或 3/8。僅憑此資訊,預設的預期是下一個客戶可能是 R。

另一種預測下一位客戶的服務需求的方法,是查看最新資料。可以查看最後幾個(選擇一個數字)客戶,以預測下一個客戶。假設最後五個客戶依序為 R、M、R、M、M。因此,資料顯示 R 的近期機率為 2/5,M 的近期機率為 3/5。僅憑此資訊,下一個客戶可能是 M。

Thomas Bayes 建議先驗機率應該由更新的資料來確認。某一分類的單純貝氏後驗機率，是透過將先驗機率和最近機率相乘來計算的。

因此，在本例中，單純貝氏後驗機率 P (R) 為 5/8×2/5 = 10/40。單純貝氏機率 P (M) 為 3/8× 3/5 = 9/40。由於 P (R) 大於 P (M)，因此下一個客戶屬於 R 的機率更大。因此，分配給下一個客戶的預期類別標籤將是 R。

然而，假設下一個顧客進來是為了 M 服務。最後五個客戶序列現在變為 M、R、M、M、M。因此，最近的資料顯示 R 的最近機率是 1/5，M 的最近機率是 4/5。

現在 R 的單純貝氏機率是 5/8×1/5 = 5/40。同樣，M 的單純貝氏機率為 3/8×4/5 = 12/40。由於 P (M) 大於 P (R)，因此下一個客戶屬於 M 的機率更大。因此，分配給下一個客戶的預期類別標籤是 M。

因此，單純貝氏預測器會根據最近的資料而動態地改變其預測值。

文字分類範例

文件 d 屬於 c 類的機率計算式為：

$$P(c \mid d) \; \alpha \; P(c) \prod_{1 \le k \le n_d} P(t_k \mid c)$$

其中 $P(t_k \mid c)$ 是詞彙 t_k 出現在 c 類文件中的條件機率。

以下是文字分類訓練和測試資料。目標是將測試資料分類為 h 或 ~h（讀作「非 h」）。

訓練集	文件編號	文件中的關鍵字	分類 =h（健康）
	1	Love happy joy joy love	是
	2	Happy love kick joy happy	是
	3	Love move joy good	是
	4	love happy joy pain love	是
	5	joy love pain kick pain	否
	6	Pain pain love kick	否
測試資料	7	Love pain joy love kick	?

使用這六個文件來分類的文件先驗機率是：

P (h) = 4/6 = 2/3

P (~h) = 2/6 = 1/3

亦即，有 2/3 的先驗機率會將文件分類為 h，而 1/3 的機率不分類為 h。

每個詞語的條件機率是詞語出現在每類文件中的相對頻率，即 h 類和非 h 類。

條件機率	
類別 h	類別 ~h
P (Love | h) = 5 / 19	P (Love | ~h) = 2 / 9
P (pain | h) = 1 / 19	P (pain | ~h) = 4 / 9
P (joy | h) = 5 / 19	P (joy | ~h) = 1 / 9
P (kick | h) = 1 / 19	P (kick | ~h) = 2 / 9

測試實例屬於 h 類的機率，可以透過將實例屬於 h 類的先驗機率，乘以文件中每個詞彙的條件機率來計算。因此：

P (h | d7) = P (h) * (P (love | h))^2 * P (pain | h) * P (joy | h) * P (kick | h)

= (2/3) * (5/19) * (5/19) * (1/19) * (5/19) * (1/19) = ~0.0000067

同樣的，可以使用非 h 的條件機率來計算測試實例為（非 h）的機率。

P (~h | d7) = P (~ h) * P (love | ~h) * P (love | ~h) * P (pain | ~h) *
　　　　　　　P (joy | ~h) * P (kick | ~h)

　　　　　= (1/3) * (2/9) * (2/9) * (4/9) * (1/9) * (2/9) = 0.00018

測試實例為（非 h）的單純貝氏機率遠高於 h。因此，測試文件將被分類為
（非 h）。

單純貝氏的優缺點 ⎯⎯⎯⎯⎯⎯⎯⎯ • • • • •

● 單純貝氏的邏輯很簡單。單純貝氏後驗機率計算過程也很簡單。

● 我們可以為離散資料和機率分佈計算條件機率。當向量 X 中有多個變數時，
　可以使用機率函數對問題進行建模，以模擬輸入值。有多種方法可用來對
　X 變數的條件分佈進行建模，包括常態、對數常態、gamma 和 Poisson。

● 單純貝氏假設所有特徵都是獨立的。在大多數情況下，都能正常運作，但
　還是有一個限制。如果具有某個屬性的分類標籤根本沒有聯合出現，則基
　於頻率的條件機率將為 0。當所有的機率相乘時，它會讓整個後驗機率估
　計為 0。這可以透過將所有分子加 1，並將 X 中的變數 n 加到所有分母來修
　正。這將使機率變得非常小，但不是 0。

● 單純貝氏的另一項限制是，後驗機率計算有利於實例的比較和分類。然而，
　機率值本身並不是很適合用於預估事件的發生。

總結 ⎯⎯⎯⎯⎯⎯⎯⎯⎯⎯⎯⎯⎯⎯ • • • • •

單純貝氏是一種用於分類的基於機率的機器學習法。這是一種數學上簡單的
方法，可以在預測下一個資料實例的類別中包含許多因素。它通常用來對文
字進行分類。

自我評量 ‧‧‧‧‧

- 什麼是單純貝氏技術？ Naïve 與 Bayes 代表什麼？

- 單純貝氏法在哪些方面優於其他分類法？請與決策樹進行比較。

- 單純貝氏法最熱門的應用是什麼？

13

支援向量機

支援向量機（SVM, Support Vector Machine）是一種機器學習的演算法，用於構建線性二元分類器。它在高維空間中建立一個超平面，可以根據所需的目標將資料集準確地分割成兩個片段。但是，用於開發分類器的演算法在數學上頗具挑戰性。SVM 很受歡迎，已經被用來處理許多問題，像是辨識垃圾郵件和開發文字探勘應用程式。

《 案例｜使用蛋白質生物標誌物檢測前列腺癌 》

質譜（Mass spectrometry）技術被用來對複雜樣品中的蛋白質含量，進行快速有效的分析。它可以產生多達 40,000 個變數的資料，這些變數構成蛋白質樣本的概況。資料分析可用來縮小候選蛋白質生物標誌物的搜尋空間。這些光譜可辨識某些生物標誌物的高峰，其強度與特定結果變數相關，例如前列腺癌。東維吉尼亞醫學院使用 SELDI-TOF 質譜法，對 300 多名患者的前列腺癌資料集進行了徹底的交叉驗證研究和隨機化測試。僅使用 13 個變數（或峰值），基於兩階段線性 SVM 的程序在四組分類問題上的平均分類準確率為 87%。

問題 1：你認為各種技術的準確性如何？增加分析中使用的變數數量是否會提高準確性？

問題 2：隨著預測模型越來越準確，醫生的角色是什麼？他們還需要學習哪些新技術？

SVM 模型

SVM 是高維空間中的分類器函數，用於定義兩個分類之間的決策邊界。支持向量是資料點，定義了兩個分類之超平面兩側的「邊距」，或者說邊界條件。因此，SVM 模型在概念上很容易理解。

假設有一組標記的資料點被分為兩類。這裡的目標是在兩種類型的點之間找到最佳分類器。

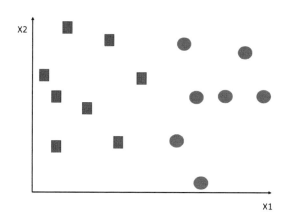

圖 13-1 分類資料點

SVM 採用最寬的「街道」（一個向量）法來劃分兩個分類，從而找到具有最寬邊距的超平面：也就是到任一類的最近訓練資料點的最大距離（圖 13-2）。

在圖 13-2 中，實線是最佳的超平面。虛線是兩個分類側面的邊距。邊距之間的間隙是最大或最寬的間隔。分類器（超平面）是由落在兩側邊距上的點所定義。這些點稱為「支持向量」（以實心點顯示）。未落在邊距上的其餘分類資料點（以空心點顯示），與分類器的定義無關。

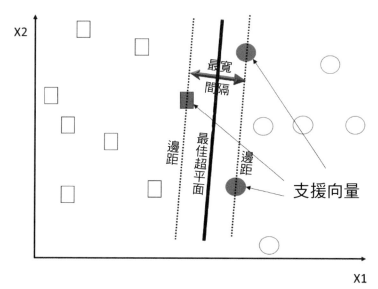

圖 13-2 支援向量機分類器

抽象上，假設 n 個點的訓練資料為：

$(X_1, y_1), \ldots, (X_n, y_n)$

其中 X_i 表示點 i 的 p 值向量，y_i 是其二進制分類值 1 或 -1。因此這裡有兩個分類，以 1 和 -1 表示。

假設資料確實是線性上可分割的，分類器超平面就會被定義為一組資料點（為訓練資料的子集），它們滿足方程式：

W. X + b = 0

其中 W 是超平面的法向量（normal vector）。

硬邊距可以由超平面來定義：

W. X + b = 1 和 W. X + b = -1

硬邊距的寬度為 (2 / | W |)

對於不在超平面上的所有點，它們會安全地待在自己的分類中。因此，y 值必須大於 1（對於 1 類中的點）或小於 -1（對於 -1 類中的點）。

SVM 演算法會找出特徵的權重向量 (W)，使得兩個分類之間的邊距最大。

使用這些方程式來計算 SVM，是在凸空間進行爬山演算處理的問題。但是，透過僅使用最接近分類邊界的點，它會急劇減少要使用的資料實例的數量。這種方法減少了計算所需的記憶體。因為使用了內核法，所以這是可實現的。

內核法（kernel method）

SVM 演算法的核心是內核法。大多數內核演算法都基於凸空間中的優化，並且在統計上是有根據的。

內核代表核心，或水果中的胚芽。內核法使用所謂的「內核技巧」進行操作。這個技巧涉及計算和處理特徵空間中相關資料對的內積；它們不需要計算高

維特徵空間中的所有資料。內核技巧使演算法對計算和記憶體資源的要求大大降低。

內核法透過從實例中學習來實現上述。它們並不對每個輸入的所有特徵應用標準的計算邏輯。相反的，它們會記住每個訓練範例，並與一個代表了其與目標實現相關性的權重進行關聯。這可以稱為基於實例的學習。支持向量模型有多種類型，包括線性、多項式、RBF 和 sigmoid。

它有點類似人類的學習方式，尤其是對於具有廣泛特徵的領域，例如倫理學。我們丟棄「正常」的實例，從艱難的情況中汲取教訓。用內核的說法，我們分配高權重給異常情況，分配非常低的權重給正常情況。正常情況幾乎被完全遺忘。

SVM 已經發展得更加靈活，並且能夠容忍一定數量的錯誤分類，因此其類別之間的分離邊距是「軟邊距」，而非硬邊距。

優點和缺點

支援向量機的主要優勢在於，即使特徵數量遠大於實例數量，它也能運作得很好。它可以處理具有巨大特徵空間的資料集，例如垃圾郵件過濾，其中大量單詞是郵件成為垃圾郵件的潛在標誌。

支援向量機的另一個優點是，即使最佳決策邊界是非線性曲線，支援向量機也會轉換變數以建立新維度，使分類器的表示方式是資料轉換維度的線性函數。

SVM 在概念上很容易理解。它們建立了一個易於理解的線性分類器。因為只處理相關資料的一個子集，它們的計算效率很高。現在，幾乎所有資料分析工具集都可以使用 SVM。

SVM 技術有兩個限制：(a) 只適用於實數，亦即所有維度中的所有資料點必須僅由數值定義；(b) 僅適用於二元分類問題。這個限制可以透過製作一系列級聯的 SVM 來繞過。

當資料很大時，訓練 SVM 是一個低效且耗時的過程。當資料中有很多噪音時，它效果不彰，因此必須計算軟邊距。SVM 也不會提供分類的機率估計，也就是分類實例的信心水準。

總結

支援向量機是一種機器學習法，可將高維資料分為兩類。它建立了一個超平面，兩個分類之間離得最遠。分類器是線性的，透過將輸入資料的原始特徵轉換為新特徵。SVM 使用內核法，從接近決策邊界的特定實例中學習。支援向量機用於文字探勘，例如垃圾郵件過濾和異常值檢測。

自我評量

- 什麼是支援向量機？
- 什麼是支援向量？
- 什麼是內核法？
- 說出 SVM 的兩個優點和兩個限制。

14

網路探勘

網路探勘是找出網際網路上的模式與見解的藝術和科學。網際網路是數位革命的核心。現在每天發布在網路上的資料，比 20 年前在整個網路上的資料還要多。每天有數十億使用者出於各種目的使用它。網路被用在電子商務、商業通訊，和許多其他應用程式上。網路探勘可以分析來自網路的資料，並幫助找到可以優化網路內容和改善使用者體驗的見解。用於網路探勘的資料是透過網路爬蟲、網路日誌和其他方式收集的。

以下是經過優化的網站的一些特點：

- **外觀**：美學設計。格式良好的內容，易於快速掃視和瀏覽。良好的色彩對比。

- **內容**：精心策劃的資訊架構與有用的內容。新鮮的內容。搜尋引擎優化。連結到其他好網站。

- **功能**：所有授權使用者皆可存取。加載很快速。好用的表格。提供手機版。

這種類型的內容及其結構有助於確保網路易於使用。網路流量分析提供關於網路內容的回饋，以及消費者的瀏覽習慣。這些資料可用於商業廣告，甚至社交工程。

網路的結構和內容可以進行分析。也可以分析網頁的使用模式。根據目標，網路探勘可以分為三種不同的類型：網路流量探勘、網路內容探勘，和網路結構探勘（圖 14-1）。

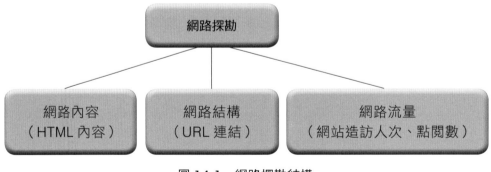

圖 14-1 網路探勘結構

網頁內容探勘

網站是以頁面形式進行設計的，具有獨立的網址（URL）。一個大型網站可能包含數千個頁面。這些頁面及其內容，使用稱為內容管理系統（Content Management Systems）的專用軟體系統進行管理。每個頁面都可以包含文字、圖形、音訊、影片、表單、應用程式以及更多種類的內容，包括使用者產生的內容。

網站會將它收到的所有對其頁面/URL 的請求記錄下來，包括使用「cookie」的請求者資訊。我們可以分析這些網頁請求的日誌，以判斷這些網頁在不同人群中的受歡迎程度。頁面上的文字和應用程式內容可以透過瀏覽計數來分析其使用情況。我們也可以對網站本身的頁面進行分析，以了解吸引大多數使用者的內容品質。因此，不需要或不受歡迎的頁面可以刪除，或是改變其內容或風格。同樣的，可以分配更多資源給受歡迎的頁面，使它們更新鮮並吸引人。

網路結構探勘

網路使用超文字協定（http）的超連結系統工作。任何頁面都可以建立到任何其他頁面的超連結，也可以被另一個頁面連結到。網路的交織或自我引用性質使它適合一些獨特的網路分析演算法。我們也可以分析網頁的結構來檢查頁面之間的超連結模式。成功的網站有兩種基本的策略模型：樞紐（Hub）和權威（Authorities）。

- **樞紐**：這些頁面包含大量有趣的連結。它們充當樞紐或集群點，訪客可以到此獲取各種資訊。像 Yahoo.com 這樣的媒體網站，或政府網站，就能達到這個目的。Traveladvisor.com 和 yelp.com 等更聚焦的網站，可望成為新興領域的中心。

- **權威**：最終，人們會朝提供有關特定主題之最完整和最權威資訊的頁面聚集。這些可能是事實資訊、新聞、建議、使用者評論等。這些網站將擁有

來自其他網站的最多數量的入站連結。因此 Mayoclinic.com 會成為專家醫學意見的權威頁面，NYtimes.com 將成為每日新聞的權威頁面。

網路流量探勘

當使用者點擊網頁或應用程式上的任何位置時，此動作會被許多位置的許多實體記錄下來。客戶端機器上的瀏覽器將記錄點擊，提供內容的網路伺服器也會記錄它們所服務的頁面，以及這些頁面上的使用者活動。客戶端和伺服器之間的實體（例如路由器、代理伺服器或廣告伺服器）也會記錄該點擊。

網路流量探勘的目標，是從網頁存取和交易產生的資料中汲取有用的資訊和模式。網站活動資料來自儲存在伺服器存取日誌、引薦來源（referrer）日誌、代理（agent）日誌和客戶端 cookie 中的資料。使用者特徵和使用配置文件也透過聯合資料直接或間接收集。此外，頁面屬性、內容屬性和使用資料等描述資料也會被收集。

網路內容可以在多個層次上進行分析（圖 14-2）。

- **伺服器端分析**將顯示所存取網頁的相對受歡迎程度。這些網站可能是樞紐和權威。

- **客戶端分析**偏重在使用模式，或使用者消化和建立的實際內容。

  a. 可以使用「點擊流」（clickstream）分析來分析使用模式，也就是分析網路活動的點擊順序模式，以及存取網站的位置和持續時間。點擊流分析可用於網路活動分析、軟體測試、市場研究和分析員工生產力。

  b. 文字探勘技術分析可以用在使用者存取的文字資訊。文字可使用詞袋技術收集和結構化，以構建詞彙文件矩陣。然後使用集群分析和關聯規則來探勘該矩陣中的熱門主題、使用者細分和情感分析等模式。

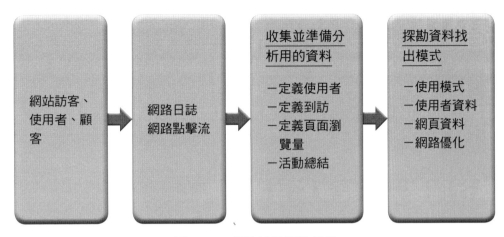

圖 14-2　網路流量探勘架構

網路流量探勘有許多商業應用。它可以根據先前學習的規則和使用者的個人資料來預測使用者行為，並能夠幫助確定客戶的生命週期價值。它還可以透過觀察網站頁面之間的關聯規則，幫助設計跨產品的交叉行銷策略。網路流量可以幫助評估促銷活動，並查看使用者是否被網站吸引，並使用與活動相關的頁面。網路流量探勘可用來根據使用者的興趣和個人資料向使用者呈現動態資訊，包括根據使用者存取模式，在使用者組中投放有針對性的線上廣告和優惠券。

網路結構探勘演算法

超連結引發的主題搜尋（HITS, Hyperlink-Induced Topic Search）是一種連結分析演算法，可將網頁視為中心或權威。市面上有許多基於 HITS 的演算法，這些演算法中最著名和最強大的是 PageRank 演算法。此演算法由 Google 聯合創始人拉里佩奇（Larry Page）發明，Google 使用該演算法來排序其搜尋功能的結果。該演算法透過計算頁面連結的數量和品質，來協助確定任一特定網頁的相對重要性。具有更多連結數量的網站，和／或來自更高品質網站的更多連結的網站，排名會更前面。它的運作方式類似於判斷一個人在人際社會中的地位。那些與更多人有關係，和／或與更高地位的人有關係的人，將獲得更高的地位。

PageRank 演算法幫助判斷 Google 搜尋的查詢下所列出的頁面順序。最初的 PageRank 演算法公式已經做過多次改良，而且最新的演算法是保密的，因此其他網站無法利用該演算法來操縱他們的網站。但是，有許多標準元素保持不變。這些元素是一個好的網站的原則。此過程也稱為搜尋引擎優化（SEO）。網路結構探勘將在下一章的社群網路分析中進一步討論。

結論

網路資源不斷地增加，每天都有更多的內容和更多的使用者，出於多種目的來存取它。一個好的網站應該是有用的，易於使用的，並且可以靈活地發展。從使用網路探勘收集的見解來看，網站應該不斷優化。網路流量探勘可以幫助發現使用者真正喜歡和消費的內容，並幫助確定改進的優先順序。透過為網站建立權威，網站結構可以幫助改善這些網站的流量。

自我評量

- 網路探勘的三種類型是什麼？
- 什麼是點擊流分析？
- 一個網站變熱門的兩種主要方式是什麼？
- 網路探勘中的隱私問題是什麼？
- 一個使用者上網 60 分鐘，一共存取了 10 個網頁。根據這樣的點擊流資料，你會做什麼樣的分析？

15

社群網路分析

群網路（social network）是人和／或實體之間關係的圖形表示。社群網路分析（SNA）是找出網路參與者之間的互動和影響之模式的藝術和科學。這些參與者可以是人、組織、機器、概念或任何其他類型的實體。社群網路分析的理想應用，將找出網路的基本特徵，包括其中心節點及其子網路結構。子網路是節點集群，其中子網路內的連接比與子網路外節點的連接更強。SNA 的實現，是透過將社會關係以圖形方式表示為節點和連結的網路，並應用迭代計算技術來衡量關係的強度。社群網路分析最終有助於將網路的整體與統一場（Unified Field）聯繫起來，這是萬物之間之無限關係的終極實體。

《 案例｜書籍的社交生活 》

亞馬遜有一項加值服務，會將也購買了這本你正在瀏覽的書籍的其他人所購買的前六本書推薦給你。以湯姆・派辛格（Tom Petzinger）的《新拓荒者》（The New Pioneers）這本書為例，我們會在推薦書籍中看到什麼主題？湯姆的讀者還對哪些其他主題感興趣？湯姆的書最終會出現在一個龐大的、相互關聯的集群（同一興趣社群）的中心嗎？或者，它最終會將原本不相干的集群，也就是不同的興趣之社群，連接在一起？

以下是一個以《新拓荒者》為中心的網路。每個節點代表一本書。紅線將一起購買的書籍連結起來。書籍的購買模式會自動分類成新的集群，我根據其內容命名了這些集群。很明顯的，湯姆的書確實橫跨多種興趣！

社群網路中最常見的衡量標準是網路中心性。為了評估「位置優勢」，我們測量每個節點的網路中心性。網路有兩個部分：1）密集的複雜性科學集群，和 2）密集的網際網路經濟集群，以及 3）其他兩個相互連接的集群，形成一個大型網路組件。

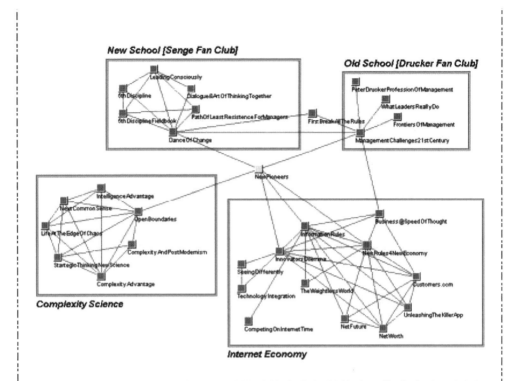

問題 1：這些地圖能否為亞馬遜競爭的企業提供機會？為作者和公關人員呢？

問題 2：醫療保健的現狀也可以開發類似的服務地圖嗎？如何進行？

SNA 的應用

自我意識：視覺化一個人的社群網路可以幫助他組織社交關係和支持網路。它可以幫助分析此網路的品質。

社群：社群網路分析可以幫助辨識、建設和加強社群內的網路，以建立健康、舒適和韌性。針對共同創作關係和引用的分析，有助於辨識學術領域中知識專業化的子網路。西北大學的研究人員發現，百老匯劇成功的最決定因素是劇組和演員之間的關係強度。

行銷：有個著名的網路相關見解，就是任何兩個人最多只透過七層關係就能連結起來。企業組織可以利用這種見解將他們的資訊傳達給大量的人，並積極傾聽意見領袖的意見，以此作為了解客戶需求和行為的方式。政客們可以聯繫意見領袖來傳達他們的資訊。

公共衛生：網路意識有助於辨識某些疾病傳播的路徑。公共衛生專業人員可以在疾病擴展到其他網路之前，隔離和控制疾病。

網路拓樸

網路拓樸有兩種主要類型：環型拓樸和中心輻條型拓樸。每種拓樸都有不同的特性和優勢。

在環形網路中，節點通常連接到網路中的相鄰節點。可能所有節點都可以相互連接。環形網路可能是密集的，其中每個節點實際上與每個節點都有直接連接。它也可能是稀疏的，每個節點都連接到節點的一小部分。從一個節點到達另一個節點所需的連接數可能會有很大差異。具有更多連接的密集網路將可達成節點對之間的許多直接連接。在稀疏網路中，可能需要遍歷許多連接才能到達所需的目的地。環形模型的一個例子是點對點電子郵件（或通訊）網路，因為任何人都可以直接與其他人聯繫。實際上，電子郵件網路是稀疏的，因為人們只與一部分人直接聯繫。

在輪輻模型中，所有其他節點都連接到一個中心樞紐節點。節點之間沒有直接關係。節點透過集線器節點相互連接。這是一個分層網路結構，因為中心節點是網路的中心。集線器節點在結構上更為重要，因為它是其他外圍節點之間所有通訊的中心。輪輻式網路有個好處是，只要遍歷兩個連結，就能從任何節點到達任何其他節點。舉例來說，航空公司使用這個模型來維護各樞紐網路，管理飛往各大機場的航班。

網路的密度可以定義為每個節點的平均連接數。網路的內聚性是一個相關概念，它是從一個節點到達另一個節點所需的平均連接數。

分析網路的另一種方法是定義每個節點的中心性（或重要性）。與節點關聯的連結數量是節點中心性的標誌。在下圖中的環形網路中，每個節點正好有兩條鏈。因此，沒有中心節點。然而，在中心輻條網路中，中心節點 N 有 8 條鏈，而其他節點各只有一條鏈。因此網路 N 具有較高的中心性。

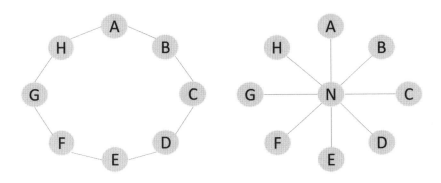

圖 15-1　網路拓樸：環形（左）和 Hub-spoke（右）

結合上述兩種類型的變體是網路之網路，其中每個參與的網路將在選定的接觸點與其他網路連接。例如，網際網路是網路的網路。在這裡，所有商業、大學和政府以及類似的電腦網路在某些指定節點（稱為「閘道（gateway）」）處相互連接，以交換資訊和進行商業活動。

技術和演算法

社群網路分析有兩個主要層次：找出網路中的子網路，以及對節點進行排序以找到更重要的節點或樞紐。

尋找子網

如果可以將大型網路視為一組相互連接的不同子網路，每個子網路都有其獨特的身分和獨特的特徵，則能夠進行更佳的分析和管理。這就像對節點進行集群分析。它們之間具有強關係的節點將屬於同一個子網路，而那些具有弱關係或沒有關係的節點將屬於不同的子網路。這是一種無監督學習法，前提

是一個網路中沒有正確數量的子網路。子網路結構對決策的有用性,是採用特定結構的主要標準。

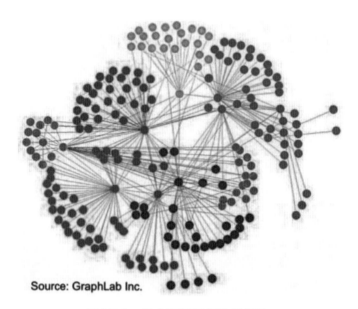

Source: GraphLab Inc.

圖 15-2　具有不同子網路的網路

網路的視覺表示可以幫助辨識子網路。使用顏色可以幫助區分不同類型的節點。用更粗或更粗的線條表示牢固的關係,有助於直覺地標示出更牢固的關係。子網路可以是圍繞中心節點的強關係的集合。在這種情況下,中心節點可以代表一個不同的子網路。子網路也可以是節點之間具有密集關係的子集。在這種情況下,一個或多個節點將充當網路其餘部分的網關。

計算節點的重要性

當網路中節點之間的連接有方向性時,就可以比較節點的相對影響或排名(為了討論的目的,節點的重要性、影響和等級等詞彙將互換使用)。這是使用「影響流模型」(Influence Flow model)完成的。每個節點的出站連結都可以被認為是影響力的流出,每個進入的連結同樣是影響力的流入。一個節點有更多連結,代表該節點的重要性更高。因此網路中任意兩個節點之間,將存在許多直接和間接的影響流。

計算每個節點的相對影響是基於節點間影響流的輸入 - 輸出矩陣來完成的。假設每個節點都有一個影響值，計算任務是找出一組滿足節點之間連結集的排名值。這是一個迭代任務，從一些初始值開始並繼續迭代直到排名值穩定。

想想看以下具有四個節點（A、B、C、D）和它們之間的 6 個具方向性鏈結的簡單網路。注意到這裡有一個雙向連結。以下是連結：

網路 A 連結到 B。

網路 B 連結到 C。

網路 C 連結到 D。

網路 D 連結到 A。

網路 A 連結到 C。

網路 B 連結到 A。

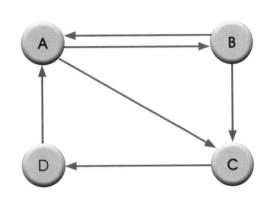

目標是找到網路中每個節點的相對重要性或等級。這將有助於找出網路中最重要的節點。

首先為每個節點分配影響（或排名）值的變數，如 Ra、Rb、Rc 和 Rd。目標是找到這些變數的相對值。

從節點 A 到節點 B 和 C 有兩條出站鏈結。因此 B 和 C 都受到節點 A 一半的影響。同樣，從節點 B 到節點 C 和 A 有兩條出站鏈結。因此 C 和 A 都受到節點 B 一半的影響。從節點 D 到網路 A 只有出站鏈結。因此，網路 A 得到了網路 D 的所有影響。從網路 C 到節點 D 只有出站鏈結。因此，網路 D 得到了網路 C 的所有影響。

網路 A 獲得網路 D 的所有影響力，以及網路 B 的一半影響力。

　　因此 Ra = 0.5 * Rb + Rd

網路 B 獲得網路 A 一半的影響力。

因此 Rb = 0.5 x Ra

網路 C 獲得網路 A 一半的影響力，以及網路 B 一半的影響力。

因此 Rc = 0.5 x Ra + 0.5 x Rb

網路 D 獲得網路 C 的所有影響力，以及網路 B 的一半影響力。

因此 Rd = Rc

我們有四個使用 4 個變數的方程式。這些都可以用數學方法解決。

我們可以用矩陣形式表示這四個方程式的係數，如下所示。這就是影響矩陣（Influence Matrix）。零值表示該項未在等式中呈現。

	Ra	Rb	Rc	Rd
Ra	0	0.50	0	1.00
Rb	0.50	0	0	0
Rc	0.50	0.50	0	0
Rd	0	0	1.00	0

為簡化起見，假設所有排行值加起來為 1。因此每個節點都有一個分數作為排行值。讓我們從一組初始排行值開始，然後迭代計算新的排行值直到它們穩定。可以從任何初始排行值開始，例如每個節點的 1/n 或 ¼。

變數	初始值
Ra	0.250
Rb	0.250
Rc	0.250
Rd	0.250

使用前面所述的方程式計算修改後的值,我們得到一組修改後的值,顯示為迭代 1。(可以運用影響矩陣在 Excel 這類的試算表中建立公式來輕鬆計算)

變數	初始值	迭代 1
Ra	0.250	0.375
Rb	0.250	0.125
Rc	0.250	0.250
Rd	0.250	0.250

使用迭代 1 中的排名值作為新的起始值,我們可以計算這些變數的新值,如迭代 2 所示。排名值會繼續變化。

變數	初始值	迭代 1	迭代 2
Ra	0.250	0.375	0.3125
Rb	0.250	0.125	0.1875
Rc	0.250	0.250	0.250
Rd	0.250	0.250	0.250

從迭代 2 的值開始繼續往下,我們可以再進行幾次迭代,直到值穩定。這是第 8 次迭代後的最終值。

變數	初始值	迭代 1	迭代 2	…	迭代 8
Ra	0.250	0.375	0.313	….	0.333
Rb	0.250	0.125	0.188	….	0.167
Rc	0.250	0.250	0.250	….	0.250
Rd	0.250	0.250	0.250	….	0.250

最終排名顯示節點 A 的排行最高,為 0.333。因此,最重要的節點是 A。最低排名是 Rb 的 0.167。因此 B 是最不重要的節點。節點 C 和 D 居於中間。在這種情況下,它們的等級根本沒有變化。

無論為計算選擇的初始值如何,該網路中節點的相對分數都是相同的。對於不同的初始值集,結果可能需要更長或更短的迭代次數才能穩定。

PageRank

PageRank 是上述社群網路分析法的一種特殊應用,用於計算網站在整個網際網路中的相對重要性。網站及其連結上的資料是透過網路爬蟲機器人收集的,這些爬蟲機器人會頻繁地遍歷網頁。每個網頁都是社群網路中的一個節點,來自該頁面的所有超連結都成為指向其他網頁的定向連結。網頁的每個出站連結都被認為是該網頁的影響力的流出。應用迭代計算技術來計算每個頁面的相對重要性。根據網路搜尋公司 Google 的創始人發明的同名演算法,該分數稱為 PageRank。

Google 使用 PageRank 來進行搜尋結果的網站排序。為了在搜尋結果中排名更高,許多網站所有者試圖透過建立許多虛擬網站來人為地提高他們的 PageRank,將這些虛擬網站的排名流入他們想要的網站。此外,許多網站可能設計為循環連結集,使網路爬蟲可能無法從這些連結中突圍。這些被稱為蜘蛛陷阱。

為了克服這些和其他挑戰,Google 在計算 PageRank 時加入了一個「傳送因素」(Teleporting factor)。「傳送」會假設從任何節點到任何其他節點有一個潛在連結,無論它是否實際存在。因此,影響矩陣乘以稱為 Beta 的加權因子,典型值為 0.85 或 85%。剩餘的 0.15 或 15% 的重量被賦予「傳送」。在傳送矩陣中,每個單元格的排名為 1/n,其中 n 是網路的節點數。將這兩個矩陣相加以計算最終的影響矩陣。該矩陣可用於迭代計算所有節點的 PageRank,如前面範例所示。

實際考量

- 網路規模：大多數 SNA 研究都是使用小型網路完成的。收集有關大型網路的資料可能非常具有挑戰性。這是因為連結的數量是節點數量的平方的順序。因此，在 1000 個節點的網路中，可能有 100 萬對可能的連結。

- 收集資料：可以利用電子通訊記錄（電子郵件、聊天等）更輕鬆地收集社群網路資料。需要使用調查文件收集有關關係性質和品質的資料。汲取、清理和歸納資料可能需要大量時間和精力，就像在典型的資料分析專案中一樣。

- 計算和視覺化：對大型網路進行建模可能在計算上具有挑戰性，而且將它們視覺化也需要特殊技能。計算大型網路可能需要大數據分析工具。

- 動態網路：社群網路中節點之間的關係可以是流動的。它們可以改變強度和功能性質。舉例來說，兩個人之間可能存在多種關係，可能同時是同事、共同作者和配偶。應該經常對網路進行建模以查看網路的動態。

比較 SNA 與資料分析

表 15-3　社群網路分析與傳統資料分析

面向	社群網路分析	資料探勘
學習的本質	無監督學習	有監督和無監督學習
分析目標	樞紐節點、重要節點和子網	關鍵決策規則，集群質心
資料結構	節點圖和（方向性）連結	變數和實例的矩形資料
分析法	統計視覺化；迭代圖形計算	機器學習、統計學
品質測量	有用性是關鍵標準	分類法的預測準確性

結論 · · · · ·

社群網路分析是一種分析實體之間關係以找出強模式的強大方法。基於網路內的強聯繫,網路中可能存在子網路。一組計算嚴格的方法可用於對網路中每個節點的影響和重要性進行排名。PageRank 是該演算法進行網站排名的執行結果。

自我評量 · · · · ·

- 什麼是社群網路分析?它與其他資料探勘技術(如集群或決策樹)有何不同?

- SNA 如何幫助提高任何國家或社會的國民幸福總值?

- 進行 SNA 應該注意哪些陷阱?

- 資料準備會超過分析專案總時間的 2/3。SNA 也是這樣嗎?

- 計算以下網路的節點的等級值,這是之前解決的練習的修改版本。哪個是現在排名最高的節點?

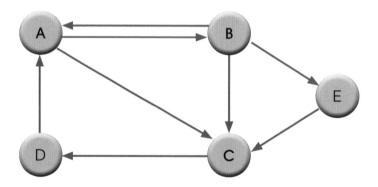

PART IV

進階要點和專題

本節涵蓋有關其他主題的進階要點。

- 第 16 章介紹大數據。這是個新詞彙，用於描述從多個資料來源產生大量資料的現象，傳統的資料管理工具無法處理這種現象。

- 第 17 章介紹資料建模。這對於資料探勘非常有用，特別是對於使用 SQL 存取資料庫中的資料、以建立資料探勘專案的資料時。

- 第 18 章涵蓋了統計資料。對於那些可能沒有太多接觸統計資料或需要複習的人來說，這對於資料探勘的提升很有用。

- 第 19 章介紹人工智慧（AI）。人工智慧包括機器學習，而機器學習又包括人工神經網路，這是實現許多資料探勘技術的一種方式。AI 還包括其他領域，如自然語言理解、專家系統等。

- 第 20 章探討資料隱私以及與收集、分析和使用資料相關的道德問題。

- 第 21 章介紹資料科學職業和所需技能。它還包括一些額外的資料分析案例研究。

- 第 22 章在幾頁中用 50 點對整本書進行總結。

- 第 23 章介紹了一份完整的資料探勘報告,這份報告使用多種資料探勘工具和技術,來解決一個只能透過資料探勘來解決的、具有社會重要性的研究問題。這份報告示範了從研究問題的框架、文獻綜述到建立假設、收集資料,以及使用不同的工具和技術進行分析的整個步驟。這份報告解釋了調查結果,並為社會政策提出了建議。

16

大數據

大數據（Big Data）是一個包羅萬象的詞彙，指的是傳統資料管理工具無法管理的極其龐大、非常快速、高度多樣化和複雜的資料。理想情況下，大數據包括所有類型的資料，並有助於在正確的時間、以正確的數量、將正確的資訊傳遞給正確的人，協助做出正確的決策。大數據可以透過開發可無限擴展、完全靈活和進化的資料架構，以及使用具有成本效益的運算設備來獲取。嵌入在這台大數據宇宙電腦中的無限潛在知識，可以協助連結並享受所有自然法則的支持。

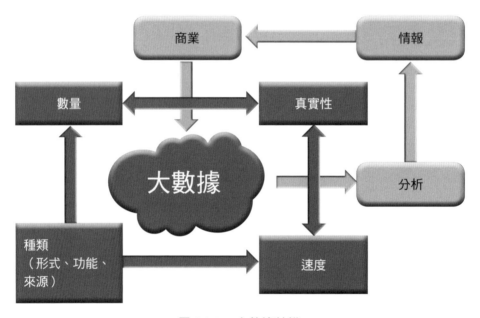

圖 16-1　大數據結構

本章將為高階主管和資料科學家提供大數據的完整概述。它將涵蓋大數據的主要挑戰和好處，以及歸納和受益於大數據的基本工具和技術。想要更了解大數據，可以參考拙著《認識大數據的第一本書》。

了解大數據 ·····

我們可以從兩個層面來檢驗大數據（圖 16-1）。從根本上說，它只是另一個可以分析和利用以造福於商業的資料集合。在另一個層面上，它是一種特殊

的資料，它帶來了獨特的挑戰並提供了獨特的好處。這是本章將重點介紹的層面。

在商業層面，我們可以對商業營運產生的資料進行分析，以產生有助於企業做出更好決策的見解。這會促使企業成長並產生更多的資料，依此循環不輟，如圖 16-1 右上角的循環所示。

在另一個層面上，大數據在各個方面都不同於傳統資料：空間、時間和功能。大數據的數量是傳統資料的千倍。資料產生和傳輸的速度快了 1000 倍。大數據的形式和功能變化多上 10 倍：從數字到文字、圖片、音訊、影片、網路日誌、機器資料等等。資料來源更多元，從個人到組織再到政府，使用從手機到電腦再到工業機器的各種設備。但並非所有大數據都具有同等品質和價值。圖 16-1 左下角的圖片顯示了大數據。大數據的這一方面及其新技術是本書的重點。

超過 90% 的大數據主要是非結構化資料。每種類型的大數據都有不同的結構，因此必須個別以適當的方式處理。技術提供商有巨大的機會來創新和管理大數據的整個生命週期，以產生、收集、儲存、歸納、分析和視覺化這些資料。

《案例｜ IBM Watson：大數據系統 》

IBM 開發 Watson 系統是為了突破人工智慧和自然語言理解技術的界限。2011 年 2 月，Watson 擊敗了美國電視問答節目 Jeopardy 的世界冠軍人類玩家。Watson 讀取了有關網路上所有內容的資料，包括整個 Wikipedia。它依據簡單的靈活規則來消化和吸收資料，例如：書籍有作者；故事有英雄；藥物治療疾病。Jeopardy 的線索是以一個神秘詞彙的方式呈現，Watson 將它分解為正確答案的許多可能的潛在子線索，並檢查每個子線索，查看其答案為主要問題的正確答案的可能性。Watson 計算每個可能答案的信心水準。如果信心水準超過了理想的閾值水準，Watson 就會採用這個答案。它在短短 3 秒內就完成了上述這些工作。

Watson 現在正被應用於許多重要的應用，例如診斷疾病，尤其是癌症。Watson 可以閱讀醫學期刊上發表的所有新研究來更新其知識庫。它可以診斷各種疾病的機率，透過應用患者當前的症狀、健康史、遺傳史、用藥記錄等因素來推薦特定的診斷。（來源：Smartest machines on Earth：youtube.com/watch?v=TCOhyaw5bwg）

圖 16-2　IBM Watson 玩 Jeopardy（來源：IBM）

問題 1：構建像 Watson 這樣的系統需要什麼樣的大數據知識、技術和技能？還需要什麼其他資源？

問題 2：醫生在診斷疾病和開藥方面能否與 Watson 競爭？還有誰能夠從 Watson 這樣的系統中受益？

捕獲大數據 ·····

如果資料只是在規模上增長，或者只是以更快的速度移動，或者只是變得過於多樣化，那將相對容易。然而，當三個 V（Volume 數量、Velocity 速度、Variety 種類）以互動方式結合在一起時，就會形成一場完美的風暴。雖然資料的數量和速度推動了主要的技術問題和管理大數據的成本，但這兩個 V 本身是由第三個 V 驅動的，也就是各種形式和功能以及資料來源。不同的準確性（Veracity 真實性）和資料價值將使情況進一步複雜化。

資料量

世界上產生的資料量每 12 ～ 18 個月就會無情地翻倍。傳統資料以 GB 和 TB 為單位，但大數據以 PB（Petabyte, 1 PB ＝ 1000 TB）和 EB（Exabytes, 1 EB＝1,000,000 TB）為單位。這個資料是如此之大，以至於在合理的時間段內，能在其中找到任何特定的東西幾乎是一個奇蹟。搜尋網際網路是第一個真正的大數據之應用。Google 完美達成了此應用的藝術，並開發了我們今天看到的許多開創性的大數據技術。

資料增長的主要原因是資料儲存成本的大幅降低。儲存資料的成本每年下降 30 ～ 40%，因此給予了將可觀察到的一切記錄下來的動機。它被稱為世界的「資料化」（datafication）。運算和資料通訊的成本也在下降。資料增長的另一個原因是資料形式和功能的增加。這將在「資料種類」部分進一步討論。

資料速度

如果說傳統資料就像一個平靜的倉庫，那麼大數據就像一條湍急的河流。數十億台設備不斷產生大數據，並以網際網路的速度進行通訊。汲取所有這些資料就像從消防水帶中喝水一樣。人們無法控制資料的速度。巨大且不可預測的資料流，是大數據的新隱喻。

資料速度增加的主要原因是網際網路速度的提高。家庭和辦公室可用的網際網路速度現在從 10 MB/ 秒增加到 1 GB/ 秒（快上 100 倍）。世界各地越來越多的人可以存取高速網際網路。另一個重要原因是越來越多的來源，例如行動裝置，可以隨時隨地產生和傳遞資料。

資料種類

大數據包括來自所有來源和設備的所有形式和功能的資料。如果說發票和帳本這類傳統資料像一個裝滿資料的小房間，那麼大數據就像是無敵大的購物中心，提供無限的多樣性。資料種類可以劃分為三種。

- **資料的形式**。資料類型範圍從數字到文字、圖形、地圖、音訊、影片等。其中一些類型的資料很簡單，而有些則非常複雜。還有一些複合資料類型，在單一檔案中包含許多元素。舉例來說，文字檔包括嵌入的圖形和圖片。影片包括嵌入的音訊歌曲。相較於數字和文字，音訊和影片具有不同且更複雜的儲存格式。數字和文字比音訊或影片文件更容易分析。

- **資料的功能**。有些資料來自人類對話、歌曲和電影、商業交易記錄、機器和操作性能資料、新產品設計資料、舊存檔資料等。人類通訊資料的處理方式跟營運績效資料的處理方式截然不同，並有完全不同的期望和目標。大數據技術可用來辨識圖片中的人臉，比較聲音以辨識說話者，以及比較筆跡以辨識作者。

- **資料的來源**。從廣義上來說，資料來源有三種類型：人與人之間的交流、人機通訊，和機器對機器的通訊。行動電話和平板電腦設備使一系列應用程式（或 App）能夠存取資料，並且會隨時隨地產生資料。網路存取和搜尋日誌是另一個新的巨大數據來源。商業系統產生大量結構化的商業交易資訊。機器上的溫度和壓力感應器，以及資產上的射頻（RFID）標籤會不斷產生重複資料。大數據的來源及其商業應用將在下一章中討論。

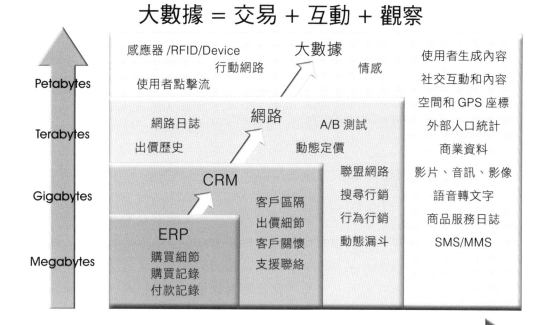

圖 16-3　大數據來源（來源：Hortonworks.com）

資料的真實性

真實性與資料的真實度、可信度和品質有關。大數據很混亂，裡面有很多錯誤資訊和虛假資訊。資料品質差的原因包括技術錯誤、人為錯誤和惡意。

● 資訊來源可能不具有權威性。舉例來說，並非所有網站都同樣值得信賴。來自 whitehouse.gov 或來自 nytimes.com 的任何資訊更有可能是真實和完整的。維基百科很實用，但並非所有頁面都同樣可靠。在每種情況下，溝通者都可能有政治態度或個人觀點。

● 由於人為或技術故障，資料可能無法正確傳達和接收。用於收集和傳輸資料的感應器和機器可能會出現故障，並可能記錄和傳輸不正確的資料。緊

迫性可能迫使某個時間點必須傳輸可用的最佳資料。此類資料與後續的準確記錄進行核對時，會更加成為問題。

● 然而，出於競爭或安全原因，提供和接收的資料也可能是刻意出錯的。出於策略原因，人們可能會傳播虛假資訊和惡意資訊。

大數據需要依照品質進行篩選和歸納，才能得到充分利用。

從大數據獲益

資料是新的自然資源。資料是新的石油，人工智慧是新的電力。企業組織不能忽視大數據。他們可能會選擇收集和儲存這些資料以供以後分析，或者將它出售給可能從中獲益的其他組織。他們也可能出於隱私或法律原因，合法地選擇丟棄部分資料。然而，沒有學會使用大數據的企業組織，可能會發現自己遠遠落後於競爭對手，被丟棄在歷史的灰燼中。創新和靈活的小型組織可以利用大數據快速擴大規模，並擊敗更大、更成熟的組織。

傳統上，資料通常屬於產生它的組織。還有其他類型的資料，例如社群媒體資料，可以在開放的靈活許可下免費存取。組織可以使用這些資料來了解他們的消費者，改善服務，並設計新產品來滿足客戶並獲得競爭優勢。資料還可以用來建立新的數位產品，例如隨選（on-demand）娛樂和學習。

大數據可用來訓練人工智慧系統。此類應用存在於各個行業和生活各方面。大數據應用主要分為三大類：監控與追蹤、分析與洞察，以及數位產品開發。

● **監控和追蹤應用程式**：消費品生產商使用監控和追蹤應用程式來了解客戶的情緒和需求。工業組織使用大數據來追蹤大量相互關聯的全球供應鏈中的庫存。工廠主使用它來監控機器性能並進行預防性維護。公用事業公司會使用它來預測能源消耗，並管理需求和供應。資訊技術公司使用它來追蹤網站性能並提高其實用性。金融組織使用它來預測趨勢，並進行更有效和更有利可圖的投資等。

- **分析與洞察**：政治組織使用大數據，對選民精準拉票並贏得選舉。警方使用大數據來預測和防止犯罪。醫院用它來做更好的診斷疾病和開藥方。廣告代理商使用它來更快地設計出更精準的行銷活動。時裝設計師使用它來追蹤趨勢，並創造更多創新商品。

圖 16-4　第一張大數據總統圖（來源：washingtonpost.com）

- **新產品開發**：輸入的資料可用於設計新產品，例如真人秀娛樂節目。股市資訊可以是一種數位產品。如何以思想的速度開發和做出新產品和服務，想像力和創意是無限的。

大數據管理

大數據是數位世界之新階段，企業和社會也不能倖免於其影響。許多組織已經開始針對大數據的運用展開計劃。但是，大多數組織不一定能掌握得很好。以下是一些關於善用大數據的新見解。

- 在所有行業中，大數據的商業案例都非常關注以客為尊的目標。執行大數據計劃的首要重點，是保護和提高客戶關係和客戶體驗。

- 大數據應該用來解決一個真正的痛點。它應該針對特定的商業目標進行部署，避免管理階層被龐大的大數據所淹沒。

- 企業組織正在透過使用現有和新近存取的內部資料來源開始測試實施。最好從能夠人為控制的資料開始，並且對資料有更好的理解。人們應該使用更多樣化的資料，而不僅僅是更多的資料，以便調整到更廣泛的現實視角，從而獲得更好的見解。

- 將人和資料放在一起會帶來最多的見解。將資料為主的分析與人類的直覺和觀點相結合，會比只採取單一方式要好。大多數企業組織缺乏從大數據中獲得最大價值所需的高級分析能力。人們越來越意識到建立或僱用這些技能和能力的需求。

- 分析資料的速度越快，其預測價值就越高。資料的價值會隨著時間迅速貶值。許多種類的資料需要在幾秒鐘內處理完，否則就會失去直接的競爭優勢。

- 不應該因為沒有立即用途，便丟棄資料。資料通常具有超出人們最初預期的價值。資料可能後續以倍數的方式提供見解。資料應該只保留一份，而不是多份副本，這將有助於避免混淆並提高效率。

- 大數據呈指數級增長，因此應該為指數級增長做好計劃。儲存成本持續下降，資料產生持續增長，資料本位的應用程式的能力和功能持續增長。

- 大數據建立在彈性、安全、高效、靈活和即時的資訊處理環境之上。大數據正在改變商業，就像 IT 所做的那樣。

整理大數據

良好的整理取決於整理資料的目的。鑑於資料的龐大，最好能夠好好地組織資料以加快搜尋過程，以便在整個資料中找到特定的所需事物。儲存和處理資料的成本也將是選擇整理模式的主要驅動力。

鑑於資料的快速和可變速度，建議可以建立可擴展數量的消化點，最好也能夠追蹤隨時間推移的計數和平均值、接收到的唯一值等等，來建立對資料的一些控制。

鑑於形式因素的多樣性，資料將需要以不同的方式儲存和分析。影片需要單獨儲存並用於以串流媒體模式提供服務。文字資料可以單獨儲存，因此可以針對主題和情緒進行組合、清理和分析。

鑑於資料品質不同，在將各種資料來源提供給受眾之前，可能需要對其進行排名和優先排序。舉例來說，可以使用其 PageRank 值來評估網頁及其資料的品質。

分析大數據

大數據可以透過兩種方式進行分析。大數據可用於視覺化流動或靜態情況。這些被稱為分析「動態大數據」或「靜態大數據」。第一種方法是即時處理輸入的資料流，以便快速有效地統計資料。第二種方法是儲存和結構化批次資料，並應用標準分析法來產生見解。接著使用即時儀表板將其視覺化。處理這些龐大、多樣且大部分非結構化資料的性質，創意是無限的。

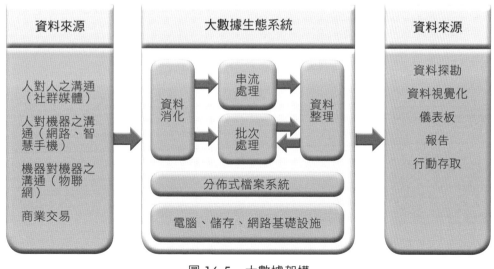

圖 16-5　大數據架構

我們可以在圖表中繪製一百萬個資料點，顯示出資料密度。但是，在圖表上繪製一百萬個點可能會產生模糊的圖像，反而隱藏區別性而不是突出區別性。在這種情況下，對資料進行分箱會有所幫助，或者選擇最常見的幾個類別也可能會提供更深入的見解。隨著時間的推移，串流資料也可以透過簡單的計數和平均值來視覺化。舉例來說，下列是一個動態更新的圖表，顯示出作者的部落格網站 anilmah.com 之到訪者流量的最新統計資料。直條顯示頁面瀏覽量，內部較暗的直條則顯示不重複訪客的數量。儀表板也可以依照天、週或年來顯示圖表。

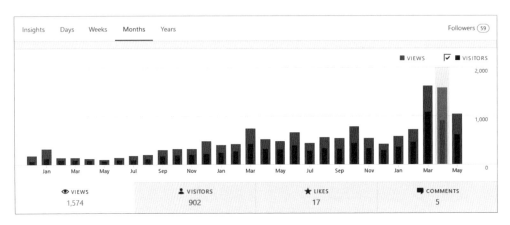

圖 16-6　作者部落格網站表現的即時儀表板

文字資料可以在文字雲中進行組合、過濾、清理、主題分析和視覺化。這是 2016 年美國總統候選人希拉蕊・柯林頓（Hillary Clinton）和唐納・川普（Donald Trump）當時發布的一系列推文（即 Twitter 貼文）中的文字雲（圖16-7）。詞語的字體越大，代表它在推文中出現的頻率越高。這可以協助我們理解兩人討論的主要話題。

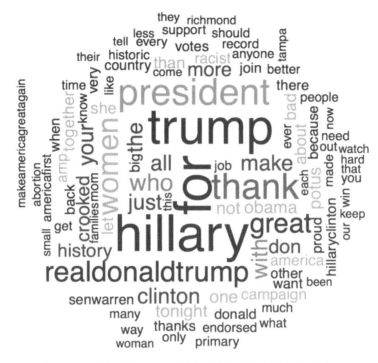

圖 16-7　希拉蕊·柯林頓和唐納·川普推文的文字雲

大數據的技術挑戰

管理大數據有四大技術挑戰。有四個對應的技術層面可以克服這些挑戰。

儲存大量資料

第一個挑戰與儲存大量資料有關。沒有一部儲存機器大到足以儲存不斷增長的資料量。因此，資料需要儲存在大量較小的廉價機器中。然而，隨著機器數量眾多，機器故障是不可避免的挑戰。這些商品機器中的每一部，都會在某個時刻發生故障。機器故障可能造成儲存在其上的資料遺失。

因此，大數據技術的第一個層面可以幫助以可承受的成本儲存大量資料，同時避免資料遺失的風險。它將資料分佈在大量廉價商品機器上，並確保每筆資料都系統性地複製到多台機器上，以保證永遠至少有一個副本可用。

217

Apache Hadoop 是最著名的大數據集群法。它的資料儲存系統稱為 Hadoop 分佈式文件系統（HDFS）。此系統建立在 Google 大文件系統的模式之上，目的是儲存數十億頁面並進行排序，以回應使用者搜尋查詢。

以極快的速度消化資料流

第二個挑戰與資料的速度有關，那就是處理不可預測和洶湧的資料流。一些資料流可能太大而無法儲存，但仍必須進行監控。解決方案在於建立可擴展的消化系統，此系統可以開啟無限數量的通道來接收資料。這些系統可以將資料保存在佇列中，商業應用程式可以按照自己的節奏和便利性從中讀取和處理資料。

大數據技術的第二層面應對了這種速度挑戰。它使用一個特殊的串流處理引擎，所有輸入的資料都被送入一個中央佇列系統。從那裡，一個叉形系統將資料分別發送到批次處理儲存以及串流處理兩個，使串流處理引擎和批次處理皆能各司其職。Apache Spark 是最熱門的串流應用系統。

處理各種形式和功能的資料

第三個挑戰與構成大數據的各種資料的結構化和存取有關。將它們儲存在傳統的平面或關係結構中將太不切實際、浪費和緩慢。存取和分析它們需要不同的能力。

大數據技術的第三個層面，透過將資料儲存在放寬了關係模型之許多嚴格條件的非關係系統中來解決這個問題。這些被稱為 NoSQL（Not Only SQL）資料庫。這些資料庫針對某些任務進行了優化，例如查詢處理、圖形處理、文件處理等。

HBase 和 Cassandra 是兩個比較知名的 NoSQL 資料庫系統。例如，HBase 將每個資料元素與其關鍵標識資訊一起單獨儲存。這稱為鍵值對（key-value pair）格式。Cassandra 以直欄格式儲存資料。NoSQL 資料庫還有許多其他變體。NoSQL 語言（例如 Pig 和 Hive）被用來存取這些資料。

高速處理資料

第四個挑戰涉及將大量資料從儲存移動到處理器,因為這會消耗巨大的網路容量並阻塞網路。另一種創新的模式是做相反的事情,也就是將處理流程移動到資料儲存的地方。

第四層面的大數據技術避免了網路的阻塞。它將任務邏輯分佈在儲存資料的機器集群中。這些機器分別在分配給它們的資料上並行工作。後續流程整合所有小任務的輸出並提供最終結果。也是由 Google 研發的 MapReduce,是最著名的分佈式大數據並行處理技術。

表 16-1　大數據的技術挑戰和解決方案

挑戰	描述	解決方案	技術
數量	避免商品機器集群中機器故障,而導致資料遺失的風險	在多台機器上複製資料段;主節點追蹤分段的位置	高密度文件系統
數量和速度	透過移動大量資料,避免阻塞網路頻寬	將處理邏輯移動到儲存資料的位置;使用並行處理演算法進行管理	Map-Reduce
種類	大小資料項目的高效儲存	使用鍵對值格式的欄式資料庫	HBase,Cassandra
速度	監控太大而無法儲存的串流	叉形架構,可將資料分為串流和批次進行處理	Spark

一旦解決了資料 4V 帶來的這些主要技術挑戰,所有傳統的分析和表示工具,例如機器學習和統計,都可以可靠地應用於大數據。還有許多其他技術可以使管理大數據的任務變得更容易。舉例來說,有一些技術可以監控集群中機器的資源使用和負載平衡。

總結

大數據是影響所有人的主要社交與技術現象。它還提供了創造新的認識和工作方式的機會。大數據非常龐大、複雜、快速,而且並不總是乾淨的,因為它是來自許多來源(例如人、網路和機器通訊)的資料。大數據需要以具有成本效益的方式收集、歸納和處理,以管理大數據的數量、速度、種類和真實性。Hadoop、MapReduce、NoSQL 和 Spark 系統是用於此目的的熱門技術平台。

總結來說,表 16-2 顯示了傳統資料和大數據之間的許多差異。

表 16-2　傳統資料與大數據的比較

特徵	傳統資料	大數據
代表結構	倉庫	資料湖庫
首要目標	管理商業活動	溝通、監控
資料來源	商業交易、文件	社群媒體、網路存取日誌、機器產生
資料量	GB、TB	PB、EB
資料速度	消化水準受到控制	即時不可預測的消化
各種資料	字母 - 數字	音訊、影片、圖表、文字
資料的真實性	乾淨,更值得信賴	因來源而異
資料結構	結構良好	半結構化或非結構化
資料的物理儲存	在儲存區域網路中	商品電腦的分佈式集群
資料庫組織	關聯式資料庫	NoSQL 資料庫
資料存取	SQL	NoSQL,例如 Pig
資料處理	常規資料處理	並行處理
資料視覺化	各種工具	具有簡單度量的動態儀表板
資料庫工具	商業系統	開源的 Hadoop、Spark
系統總成本	中到高	高

自我評量 ・・・・・

- 什麼是大數據？它為什麼值得關注？

- 描述大數據的 4V 模型。

- 管理大數據的主要技術挑戰是什麼？

- 有哪些技術可用於管理大數據？

- 大數據可以做什麼樣的分析？

- Hadoop/MapReduce 剛推出的時候，為什麼會引起人們的關注？

《 Liberty Stores 案例練習：步驟 P1 》

Liberty Stores 是一家專業的全球零售連鎖店，向全球的樂活（LOHAS）公民銷售有機食品、有機服裝、健康產品和教育產品。公司已有 20 年歷史，並且發展迅速。目前在五大洲、50 個國家、150 個城市設有營運據點，擁有 500 家門市。銷售 20000 種產品，擁有 10000 名員工。該公司的年營收超過 50 億美元，利潤約佔其收入的 5%。公司特別關注產品的種植和生產條件，並將大約五分之一（20%）的稅前利潤捐給世界各地的慈善機構。

1：向公司 CEO 提出全面的大數據策略建議。

2：IBM Watson 等大數據系統對這家公司會有什麼幫助？

NOTE

17

資料建模和 SQL

資料需要有效地結構化和儲存，以便包含決策所需的所有資訊，而不至於重複和遺失完整性。優質資料應該具備以下特質：

- **準確**：資料應在資料儲存、使用者和應用程式之間保持一致的值。這是資料最重要的面向。任何使用不準確或損壞的資料進行任何分析的行為，都被稱為「垃圾進垃圾出」。

- **持續**：資料應該隨時可供取用，無論現在或以後。因此它應該是非易失性的，可以儲存和管理以供後續存取。

- **可用**：資料應在授權使用者想要存取的時間、地點和方式下，在政策限制內提供給授權使用者。

- **可存取性**：資料不僅應該開放給使用者，也應該易於使用。因此，應該使用簡單的工具、以所需的格式提供資料。MS Excel 是存取數字資料然後轉換為其他格式的常用媒介。

- **全面**：應從所有相關來源收集資料，以提供對情況的完整和整體總覽。新維度出現時，應該能夠隨時添加到資料中。

- **可分析的**：出於歷史和預測目的，資料應該提供給分析使用。因此，資料應該被組織成可供分析工具使用，例如 OLAP、資料方塊（data cube）或資料探勘。

- **靈活**：資料的種類越來越多。因此，資料儲存應該能夠儲存多種資料類型：小 / 大、文字 / 影片等。

- **可擴展**：資料量不斷增長，應組織資料之儲存以滿足緊急需求。

- **安全**：資料應該進行雙重和三重備份，並防止遺失和損壞。損壞的資料是最大的 IT 噩夢。不一致的資料必須手動整理，這會導致形象損失、商業損失、停機，有時企業就此一蹶不振。

- **成本效益**：收集和儲存資料的成本正在迅速下降。但是，收集、組織和儲存一種資料的總成本，仍應與其用途的估計價值成正比。

資料管理系統的演變 —————————— • • • • •

資料管理已從手動歸檔系統，發展為能夠每秒處理數百萬筆資料處理和存取請求的最先進的線上系統。

最初的資料管理系統被稱為檔案系統，它們模擬紙本文件和文件夾，一切都依照時間順序儲存。這些資料的存取是按順序進行的。

資料建模的下一步，是找到快速存取任何隨機記錄的方法。因此出現了分層資料庫系統。提供特定訂單號，它們便能夠連接訂單的所有項目。

下一步是以雙向方式遍歷連結，從層次結構的頂部到底部，以及從底部到頂部。一件售出的商品，應該要能夠找到它的訂單號碼，並列出該訂單中售出的所有其他商品。這樣一來便在資料中建立了連結網路來追蹤這些關係。

當資料元素之間的關係本身成為關注的焦點時，重大躍升就出現了。資料值之間的關係是儲存的關鍵要素。關係是透過比對共同屬性的值來建立的，而不是透過文件中記錄的位置來建立的。這衍生出使用關係代數進行資料建模。關係可以透過聯合和交集等集合操作來連接和減去。透過定義焦點變數的值，搜尋資料變得更容易。

關係模型經過改良來包括具有不可比較值的變數，例如必須以不同方式處理的二進制對象（例如圖片）。因此出現了將程序與它們處理的資料元素一起封裝的想法。資料及其方法被封裝到一個**物件**（object）中。這些物件可以進一步專業化。例如，車輛是具有某些屬性的物件。汽車和卡車是車輛的更特定版本。它們繼承了車輛的資料結構，但有自己的附加屬性。類似地，特定物件繼承了與一般實體相關的所有過程和程序。這就變成了物件導向（object-oriented）的模型。

關係資料模型 ·····

第一個數學理論導向的資料管理模型是由 IBM 的 Ed Codd 於 1970 年設計的。

● 關聯式資料庫由一組關係（資料表）組成，可以使用共有屬性進行連接。
「資料表」是實例（或記錄）的集合，具有獨有標識每個實例的關鍵屬性。

● 資料表可以使用共享的「關鍵」屬性來連接，以建立更大型的臨時表格，並
透過查詢來跨表獲取資訊。連接可以是兩個表之間的簡單連接，也可以是複
雜的 AND、OR、UNION 或 INTERSECTION 以及更多操作。

● 結構化查詢語言（SQL）中的進階指令可用於執行連接、選擇和組織記錄。

關係資料模型從概念模型，流向邏輯模型，再到物理實施。資料可以被認為
是關於實體和實體之間的關係。實體之間的關係可以是實體之間的層次結構，
也可以是涉及多個實體的交易。這些可以用圖形呈現實體關係圖（ERD）。

在圖 17-1 中，矩形反映了實體學生和課程。關係是註冊。在下面的範例中，
矩形反映了「學生」和「課程」兩個實體。菱形顯示註冊關係。

圖 17-1　兩個實體之間的簡單關係

以下是 ERD 的一些基本概念：

● **實體**（entity）是某人選擇收集資料的任何物件或事件，可以是人、地點或
事物（例如，銷售人員、城市、產品、車輛、員工）。

● 實體有**屬性**（attribute）。屬性是與實體有共同點的資料項。例如，學生
ID、學生姓名和學生地址等代表學生實體的詳細資訊。屬性可以是單值的
（例如，學生姓名）或多值的（學生過去地址的列表）。屬性可以是簡單
的（例如，學生姓名）或複合的（例如，學生地址，由街道、城市和州組
成）。

- 每個實體都必須具有可用於標識實例的**關鍵屬性**。例如，學生 ID 可以辨識學生。主鍵是實例的唯一屬性值（例如學生 ID）。任何可以用作主鍵的屬性（例如學生地址）都是候選鍵。輔助鍵——可能不是唯一的鍵，可用於選擇一組記錄（學生城市）。一些實體會有一個複合鍵——兩個或多個屬性的組合，並一起表示一個鍵（例如航班號和航班日期）。**外鍵（foreign key）** 在表示一對多關係時很有用。關係一端的文件的主鍵，應以外鍵的方式被包含在關係的其他多端文件上。

- 關係（relationships）具有許多特徵：程度、基數和參與。

- 關係度（degree of relationships）取決於參與關係的實體的數量。關係可以是一元的（例如，同為員工的員工和經理）、二元的（例如，學生和課程）和三元的（例如，供應商、零件、倉庫）。

- 基數（cardinality）表示每個實體在關係中的參與程度。

  a. 一對一（例如，員工和停車位）

  b. 一對多（例如，客戶和訂單）

  c. 多對多（例如，學生和課程）

- 參與（participation）顯示關係的可選或強制性質。

  a. 客戶和訂單（強制）

  b. 員工和課程（可選）

- 還有一些**弱實體（weak entities）** 依賴於另一個實體的存在（例如，僱員和家屬）。如果刪除了員工資料，則也必須刪除相關資料。

- **關聯實體（associative entities**，例如學生 - 課程註冊）是用來表示**多對多的關係**。有兩種方法可以實現多對多關係。它可以轉換為兩個一對多的關係，中間有一個關聯實體。或者，參與關係的實體的主鍵組合將形成關聯實體的主鍵。

- 還有**超子類型實體（super sub type entities）**。這些幫助表示記錄子集上的附加屬性。例如，車輛是超類型，而轎車是其子類型。

實現關係資料模型 ⎯⎯⎯⎯⎯⎯⎯ ・・・・・

一旦建立了邏輯資料模型，就很容易將其轉換為物理資料模型，然後可以使用任何公開可用的 DBMS 來實現它。每個實體都應該透過建立資料庫表來實現。每個表都是一個特定的資料字段（鍵），它將唯一標識該表中的每個關係（或行）。每個主表或資料庫關係都應該有程序來建立、讀取、更新和刪除記錄。

資料庫應遵循三個完整性約束。

- **實體完整性**確保實體或表是健康的。主鍵不能有空值。每一行都必須有一個唯一的值。否則應該刪除該行。作為推論，如果主鍵是複合鍵，則參與鍵的字段都不能包含空值。每個鍵都必須是唯一的。

- 使用規則來驗證資料是否屬於適當的範圍和類型來實施**領域完整性**。

- **參照完整性**控制了一對多關係中記錄的性質。這確保了外鍵的值應該在外鍵引用的表的主鍵中具有吻合的值。

資料庫管理系統（DBMS） ⎯⎯⎯⎯⎯⎯ ・・・・・

有許多資料庫管理軟體系統可幫助管理與儲存資料模型、資料本身以及對資料和關係進行操作相關的活動。DBMS 中的資料不斷增長，它同時為資料的許多使用者提供服務。

DBMS 通常在稱為資料庫伺服器的電腦上執行於 n 層應用程式系統架構。以航空公司的訂位系統為例，數百萬筆交易可能同時存取同一組資料。資料庫必須進行持續監控和管理，以安全、快速地為所有授權使用者提供資料存取，同時保持資料庫的一致性和有用性。內容管理系統是特殊用途的 DBMS，或者只是標準 DBMS 中的功能，可幫助人們在網站上管理自己的資料。資料管理有物件導向和其他更複雜的方式。

結構化查詢語言（SQL）

SQL 是一種非常簡單且功能強大的存取關聯式資料庫的語言。SQL 有兩個基本組件：資料定義語言（Data Definition Language）和資料操作語言（Data Manipulation Language）。

DDL 提供了建立新資料庫以及在資料庫中建立新表的說明。此外，它也提供了刪除資料庫或僅刪除資料庫中的少數幾個表的說明。另外還有其他輔助指令來定義索引等，以有效存取資料庫。

DML 是 SQL 的核心。它提供了從資料庫及其任何表中添加、讀取、修改和刪除資料的說明。可以選擇性地存取資料，然後對它進行格式化，以回答特定問題。例如，要按照季度找出電影的銷售額，SQL 查詢將會是：

> **SELECT** Product-Name，SUM(Amount)
>
> **FROM** Movies-Transactions
>
> **GROUP** BY Product-Name

結論

資料應該進行建模以實現商業目標。好的資料應該是準確且可存取的，以便用於商業營運。關係資料模型是現今最熱門的兩種資料管理方式。

自我評量

- 誰發明了關係模型，什麼時候發明的？
- 關係模型與以前的資料庫模型之明顯區隔為何？
- 什麼是實體關係圖？
- 一個實體可以有哪些屬性？
- 關係有哪些不同類型？

NOTE

18

統計

統計學是一種數學上優雅而有效的方法，透過對總體樣本的理解進行預測，從而了解整個總體的特徵。理想情況下，統計分析可以以最少的努力，做出對整體人口的完全準確和簡潔的描述。這是透過存取一個真正隨機並具有代表性的總體樣本、收集樣本觀察資料、分析資料以發現模式，並以一定的最低信心水準將結果投射到整體來實現的。統計分析最終能達到對整體性更深入的理解。整體性是所有自然規律的統一場。

統計學有許多主要的應用。它最常用於了解人口。政治家進行民意調查以了解選民的需求。行銷人員使用統計資料來了解消費者的需求。透過測量產品樣本的品質，統計資料還可用於評估生產過程中的品質。

描述性統計 ......

這些是描述資料集合的工具和技術。資料通常透過其集中趨勢和傳播來描述。主要集中趨勢是值的平均值或平均值。還有其他中心趨勢，例如中位數和眾數。資料中的分佈稱為變異數（Variance），通常以「標準差」來描述。

範例資料集

例如，使用下列所示的人員資料集。

性別	年齡	身高（英吋）	體重（磅）
男	24	71	165
男	29	68	165
男	34	72	180
女	21	67	113
男	32	72	178
女	25	62	101
男	26	70	150
男	34	69	172
男	31	72	185

性別	年齡	身高（英吋）	體重（磅）
女	49	63	149
男	30	69	132
男	34	69	140
女	28	61	115
男	30	71	140

我們可以透過性別、年齡、身高和體重來描述一個人。這些都是一個人的屬性。一組人可以用他們的總數、平均年齡、身高和體重來描述。可以針對不同的性別值分別計算平均值。

平均值需要由屬性值的分佈或變異數來補充。例如，兩組的平均年齡可能相同。但是，在一組中，所有成員的確切年齡相同。而在另一組中，年齡範圍從低值到高值。在第一組中，變異性或分佈為零。在另一組中，分佈為非零。

計算平均值、中位數、眾數

該資料集中的實例數量為 14。平均年齡為 30.5 歲（可以用 Excel 的 Average 函數來計算）。平均身高為 68.3 英吋，平均體重為 149.9 磅。

為了理解分佈的概念，依照其中一個屬性將資料進行排序會有幫助。該資料按年齡排序，如下所示。

性別	年齡	身高（英吋）	體重（磅）
女	21	67	113
男	24	71	165
女	25	62	101
男	26	70	150
女	28	61	115
男	29	68	165
男	30	69	132

性別	年齡	身高（英吋）	體重（磅）
男	30	71	140
男	31	72	185
男	32	72	178
男	34	72	180
男	34	69	172
男	34	69	140
女	49	63	149

此組成員的年齡從 21 ～ 49 歲不等。平均值可能無法說明該組的全貌。因此，描述這個群體年齡集中趨勢的另一種方式是描述這個群體之中間人的年齡。這組 14 人中，中間成員的年齡是 30 歲。這個值稱為該組年齡的中位數（median，可以用 Excel 的 Median 函數計算）。當值的分佈高度偏斜時，中位數特別有用。因此，該組的身高中位數為 69 英吋。體重中位數為 149.5 磅。

描述集中趨勢的另一種方式特別適用於非數字值，例如性別、母語等。非數字資料是不可能進行平均的。因此，「眾數」（mode）的概念變得很重要。眾數顯示出資料中出現頻率最高的值。在這個資料中，年齡值 34 出現了 3 次，年齡值 30 出現了 2 次，所有其他值都出現了 1 次。因此，該組年齡的眾數值為 34 歲（可用 Excel 的 Mode 函數計算）。同樣的，此組的身高眾數為 69 英吋和 72 英吋，因為兩者都出現 3 次。在這種情況下，它被稱為雙眾數資料。體重的眾數為 140 磅。

眾數的概念可用於描述該群體的主導性別。男出現 10 次，女出現 4 次。因此可以說該組的性別眾數值為男。

計算範圍和變異數

資料的分佈可以透過兩種方式來定義：範圍或變異數。

範圍僅由變數的最小值和最大值定義。因此在該資料集中，年齡值的範圍是 21 ～ 49。依此類推，身高的範圍是 61 ～ 72 英吋，體重的範圍是 101 ～ 185 磅。範圍越大，資料的變化越大。範圍越小，資料的同質性就越大。範圍度量的局限性在於它只依賴兩側的極值，而忽略了中間其餘資料的分佈。

變異數是資料中分佈的更具包容性的度量。變異數定義為與平均值的距離的平方和。因此，要計算該組年齡變數的變異數，首先計算每個實例的年齡與該組平均值之間的差異（即 30.5）。透過將每個值與自身相乘來對這些差值進行平方。將這些平方值相加得出總變異數。將總變異數除以實例數，得出資料的平均變異數。標準差定義為平均變異數的平方根。從數學上來説，標準差的公式如下：

$$s = \sqrt{\frac{\sum (x - \bar{x})^2}{n - 1}}$$

其中 S 是標準差。表示所有值的總和。X 是資料集中實例的變數值。是資料集中該變數的平均值。N 是資料集中的實例數。

因此，計算該組中年齡的平均標準差將得出 6.64 歲的值（可以用 Excel 中的函數 Stdev 來計算）。以同樣的方式，可以計算出所有其他數值變數的標準差。身高的標準差是 3.75 英吋，體重的標準差是 26.8 磅。

因此，任何資料集都可以根據其均值和標準差進行非常有意義的定義。

直方圖

直方圖是一種直觀描述資料分佈的圖表。下面是每個變數的直方圖。

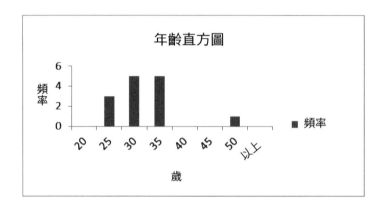

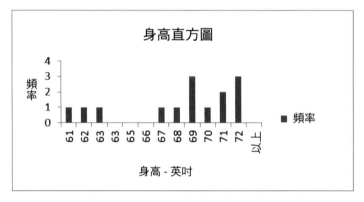

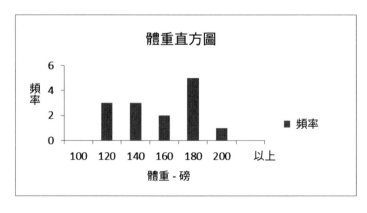

直方圖通常是根據數值變數繪製的,但原則上它們也可以根據非數值變數(如性別)繪製。

這些直方圖顯示了廣泛的資料值,中間有很大的差距。因此,除了平均值之外,也應該指定每個變數的範圍,以便更準確地了解資料。更重要的是,這些差距顯示資料中可能有不同的子組。在這種情況下,值可能根據性別的值而顯著變化。變異數分析法(ANOVA)有助於確定這些變數的影響。

常態分佈和鐘形曲線

如果資料值像對稱的鐘形曲線一樣均勻分佈,則資料呈常態分佈。

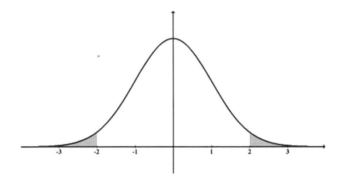

集中趨勢是資料分佈的中點。完美的對稱性確保這個中心點是資料分佈的平均值、中位數和模式。值的頻率在中心值的兩側降低。x 軸上的數字表示偏離中心趨勢或平均值的標準差數。大約 95% 的資料值,即曲線下的面積,左右兩側都落在兩個標準差(SD, standard deviations)內。

如果資料集呈常態分佈,則資料當中 95% 的年齡值將落在平均值 ± 2* sd。假設年齡呈常態分佈,則 95% 的資料值將落在兩個標準差範圍內,即 (30.5 − 2 x 6.64) 至 (30.5 + 2 x 6.64),也就是大約 17 ~ 44 歲。這充分反映了這個資料集的狀況。

常態分佈下,值會圍繞著中心值自然地形成集群。在大多數情況下,它被認為是一種自然發生的模式。在大多數資料集中,除非另有説明,否則都會假定資料呈常態分佈。隨著資料集變大,它會越來越像鐘形曲線。

常態分佈可以根據兩個參數進行數學建模：均值和標準差。參數曲線有許多特性和優點。舉例來說，常態曲線可以立即比較。此外，常態曲線下的面積可以使用微積分函數來計算，並且將遵循另一個稱為 S 曲線的對稱曲線。這可以被用於進一步的計算。資料的常態分佈有助於從隨機樣本推斷總體的屬性，具有一定的信心水準。

推論統計

統計的主要目的是推斷人口的屬性，而無需觸及和測量整個人口。如果選擇了一個適當隨機化的樣本，從而可以合理地假設它代表了整個人口，那麼就可以從它推斷出人口的屬性，並且具有一定的高信心水準。樣本量越大，信心水準就越高。

隨機抽樣

隨機樣本是一種在數學上嚴格選擇代表總體之樣本的技術。它應該與其他形式的抽樣進行對比，例如便利抽樣（convenience sampling），後者找出收集資料的最簡單方法，而不過度關注它在整個人口中的代表性。隨機抽樣過程使用隨機數產生機制，從總人口中隨機選擇一定數量的實例，使得每個實例被選中的機會均等。隨機選擇的一個例子是從整個售出的彩票池中選擇彩票中獎者。隨機樣本的大小會由統計學家根據準確性需求，以及可用的時間和資源來選擇。

隨機樣本可以使用上述任何描述性技術，甚至變異數分析等方法來分析。

信賴區間

除非對整個人口進行了測量，否則無法提供人口變數的完全真實值。隨機抽樣方法可以提供對總體真實均值的估計，具有一定的信心水準。真實的總體均值將落在以樣本為中心的範圍內。這稱為信賴區間。樣本量越大，信賴區間越窄。樣本量越大，樣本均值投射出的信心水準就越大。

假設上面使用的資料集實際上代表了某個社區的人。那麼我們有多大的把握聲稱社區人口的平均年齡為 30.5 歲（樣本的平均年齡）？

在樣本均值附近，真實總體均值 (P) 可能落入的範圍稱為信賴區間。所需的信心水準越高，信賴區間就越寬。

根據資料的常態分佈，95% 的信賴區間等於平均值兩側距離的 2 個標準差。這意味著，如果經常進行這種隨機抽樣和分析，則 95% 的時間均值 +- 2 sd 的信賴區間將包含真實總體均值。信心水準通常由反過來表示，即 $1 - \alpha$，其中 α 稱為顯著性水準，或簡稱為 p 值。以 95% 的信心水準來說，p 值應小於或等於 0.05。

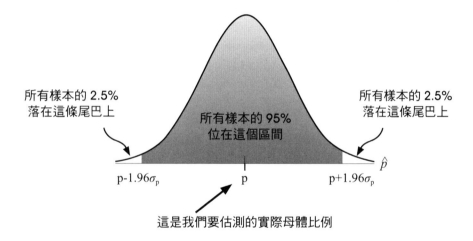

預測統計 ●●●●●

迴歸分析等統計方法可用於預測特定變數的值。變數之間的相關性顯示了哪些變數可能會影響其他變數的值。迴歸有許多變體，例如線性、非線性和羅吉斯迴歸。時間序列分析是迴歸分析的一種特殊情況，其中關鍵的自變數是時間。這些在第 7 章中有詳細描述。

總結

統計工具是經過時間考驗、使用小型隨機樣本來了解大量母體的方法。使用平均、中位數和眾數等中心趨勢來描述資料，以及它的使用範圍和變異數的分佈。迴歸等預測統計方法是資料分析中的重要工具。這些在迴歸章節中有全面的介紹。

自我評量

- 什麼是統計？它有哪些不同的類型？

- 什麼是直方圖？它有什麼幫助？

- 集中趨勢和散佈有什麼區別？

- 均值、眾數、中位數有什麼區別？

- 什麼是標準差？它是如何計算的？它有什麼幫助？

- 什麼是隨機抽樣？它有什麼幫助？

- 信心水準和信賴區間有什麼區別？

19

人工智慧

人工智慧（AI）是將智慧能力從人類思維中汲取出來，並將它嵌入到非感知物件中的方式。理想情況下，人工智慧將能夠在各個方面表達出超越人類智慧的智慧行為。這是透過從遺傳、神經、認知、行為和身體等各個角度對人類智慧進行建模來實現的。人工智慧最終會示範和實施自然的普遍規律。

人類試圖透過構建更好的工具來提高生活品質。人類生活經過數次革命，從狩獵採集的穴居人，到農業社會，到工業城市，再到資訊社會。在每個階段，人類都試圖了解自己內部和周圍的現象，並製造工具讓他們的生活更輕鬆、更簡單。人工智慧可以被視為過去幾個世紀以來一系列創新中的最新環節，這些創新有助於改善生活。

《 案例｜ **Apple Siri 語音啟動的個人助理** 》

Apple 的 Siri 是一種電腦程式，可擔任智慧個人助理和知識導覽器。它使用自然語言使用者介面來回答問題、提出建議，並透過將請求委託給一組網路服務來執行操作。它是一種模仿人類智慧和自然對話的語音助理。可以開啟應用程式、為你提供電影放映時間和運動賽事成績、預訂晚餐、打電話或傳送簡訊給聯絡人清單中的人，以及執行許多其他有用的任務。也能告知你它在進行什麼，並提供選項供你選擇，並在它誤解你時進行糾正。

Siri 是 DARPA 資助的 CALO 專案的一個分支，該專案是 DARPA 的 PAL 計劃（學習的個性化助手）的一部分。Siri 包含了多項技術，包括自然語言處理、問題分析、資料混搭和機器學習。Siri 的主要演算法會進行下列高階的運作：

1. 使用自動語音辨識將人類語音轉錄為文字。

2. 使用自然語言處理，將轉錄文字翻譯成「解析後的文字」。

3. 使用問題和意圖分析來分析解析後的文字，偵測使用者指令和操作，例如「今天天氣如何」。

4. 使用資料混搭技術與第三方網路服務互動，以便執行動作、搜尋和問題回答。

5. 將第三方網路服務的輸出轉換回自然語言文字（例如「今天天氣晴」）。

6. 使用文字到語音（TTS, text-to-speech）方法，將答案轉換為合成語音。

問題 1：Siri 有哪些優勢？

問題 2：大數據如何支持人工智慧？

人工智慧、機器學習和深度學習 ·····

人工智慧是一個廣義的詞彙，包括各種智慧機器。麻省理工學院的 Patrick Whinston 將 AI 描述為「支持以思考、感知和行動為目標之模型」的表徵。人工智慧包括機器學習、自然語言理解、專家系統、電腦視覺、機器人技術和其他功能（圖 19-1）。機器學習系統是那些使用神經網路、遺傳演算法等來幫助從資料中學習「模式」的系統。深度學習系統是基於神經網路的預測系統，它們被用來實現決策樹、集群系統、推薦系統、文字探勘、網路探勘、社群網路探勘等。它們以高度專業的水準被用於進行西洋棋、圍棋、小精靈等遊戲。

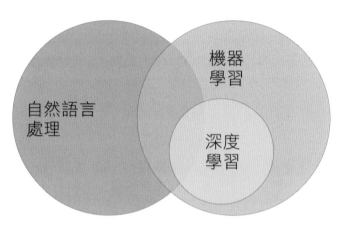

圖 19-1　人工智慧和機器學習的組成部分

若要了解人工智慧對生活和工作的影響，探究在它之前出現的革命性技術可能會有所幫助。工業革命發生在大約 200 年前，資訊革命發生在大約 100 年前。人工智慧的想法大約在 50 年前開始，近年來已經遍地開花。

工業革命 • • • • •

幾百年前，工作主要是指體力勞動，如舉、推、搬運或以其他方式操縱實體物質。18 世紀蒸汽機的發明，是人類創造力的結果。起初人們並不認可或欣賞它，認為人類和馬匹的肌肉才值得自豪。逐漸地，蒸汽機開始被部署在各種用途中。這引發了工業革命，使英國成為工業強國和全球帝國。由於蒸汽機的出現，19 世紀跨大陸之鐵路運輸系統的建立成為可能；內燃機的發明有助於利用機器中的物理運動；飛行器的發明開始進一步革新運輸。這是人類肌肉蠻力工作價值終結的開始，馬的力量也被超越了。騎馬者和鞭子製造者開始擔心他們的營生。科幻小說將傳送想像為一種可能的即時旅行，以及進入太空的方式。然而，蒸汽和內燃機在 20 世紀創造了新的產業。例如鋼鐵和橡膠、燃料和機器維修、高速公路、旅遊業，以及快餐和汽車旅館行業。數以百萬計的新工作崗位應運而生。

資訊革命 · · · · ·

在 1850 年代，電報讓遠距離書寫成為可能。在 1890 年代後期，電話使遠距離語音成為可能。在 1930 年，電視可以看到遠處的圖片。大約在 1910 年代，電燈創造了全天工作的能力並提高了公共安全。1950 年代，IBM 公司發明了電腦。1960 年代，功能強大的 IBM「大型主機」（mainframe）問世。1976 年，Apple 推出了個人電腦 Apple-II，使人們能夠自己寫作和列印。1981 年，IBM PC 的推出，進一步推動了個人電腦的普及。

試算表是 PC 的殺手級應用。試算表使普通人能夠進行多種複雜的計算。文字處理軟體使輸入長文件（例如書籍和博士論文）變得容易。個人電腦和網際網路的結合使電子郵件普及。名為企業資源規劃套件（ERP, Enterprise Resource Planning suite）的強大軟體開始改變企業的營運方式，它能夠提供經理人最新資訊。商業流程被重新設計，人們擔心大量失去高薪工作。

在 1960 年代，美國國防高級計劃局資助建立了一個可以抵抗核武攻擊的分佈式電腦網路，後來演變成 internet。很快的，網路被用於個人通訊，電子郵件成為網路的殺手級應用軟體。1990 年代，網際網路誕生，它使用超連結系統來連結所有資訊。1993 年，電子商務（網路上的商品和服務交易）成為一個新興行業。亞馬遜於 1993 年開始線上銷售書籍。1998 年，Google 開始成為「組織世界資訊」的平台，並很快成為搜尋網路的動詞。2004 年，Facebook 幫助人們進行遠距離交流，並推出了社群媒體。

2007 年，蘋果推出智慧手機 iPhone；它推出了行動網頁瀏覽體驗。現今在數十億支多種類型的智慧手機上，數以百萬計的軟體應用程式（app）正在運行，隨時隨地都能獲取任何資訊。資訊的獲取已變得民主且便宜。iPhone 上的 Siri 系統代表了一種先進的人工智慧語音輔助工具，可輕鬆進行使用者互動。

認知（或人工智慧）革命 ————————— •••••

1950 年，一位在第二次世界大戰中致力於計算破解通訊密碼的英國數學家艾倫・圖靈（Alan Turing）表示希望有一天電腦能夠像人類一樣工作。圖靈對電腦的測試是與人類進行對話，使人類無法辨別他是在與機器還是人類對話。圖靈的隱含目標是汲取智慧，並放入電腦等無實體的設備中。1956 年，在美國新罕布什爾州的達特茅斯學院舉辦了一次小型研討會，目標是發展人工智慧。此次學術聚會催生了許多成功的專案，包括自然語言處理、人工神經網路和專家系統。

專家系統將人類知識汲取為邏輯 if-then 語句。專家系統發展得很好，能夠非常高效和準確地完成一些常規的複雜任務，並被用來玩西洋棋等遊戲。1997年，IBM 一部擁有強大計算能力的專家系統「深藍」（Deep Blue）電腦，在六場比賽中決定性地擊敗了西洋棋世界冠軍 Gary Kasparov。許多這樣的系統都使用寫死的（hard-coded）確定性邏輯。然而，隨著世界資訊儲存量的不斷增長，寫死的確定性邏輯變得脆弱。另一類稱為隨機或機率系統的方法派上了用場。遺傳演算法是一種模擬遺傳進化系統的機率計算方法。基因在下一代進化時會隨機變異，提高生存率的有用突變會傳給下一代，而無用的突變則會消失。自然語言理解系統也使用了機率法來解釋語音信號。

神經網路需要大量資料來訓練系統。隨著世界資料儲存量的增長，神經網路正在從這些資料中進行學習以實現其目標。現在，基於神經網路的深度學習系統已經展示了巨大的預測能力。2011 年，IBM 的 Watson 系統在 Jeopardy 測驗挑戰賽中擊敗了世界冠軍。2012 年，神經網路被證明可以準確地對各種類別的圖像進行分類。2017 年，基於 TensorFlow 演算法（高級神經網路）的 Google 的 AlphaGo 系統擊敗了世界圍棋冠軍。Facebook 和其他公司開發了人臉辨識系統，發布在其系統上的照片上標示出正確的人。這些以人工智慧為基礎的系統，在中國被用於辨識人群中那些行為不檢的人。

IBM Watson 和 Google TensorFlow 被稱為認知系統。這些系統具有「以遞歸方式使用相對簡單但聰明的演算法來實現其目標功能」的能力。它們還可以從新的活動實例中學習，並將這種學習添加到它們的指令表中。這些系統

可以很容易地以多種語言與人類進行相對智慧和幽默的對話。蘋果的 Siri 和亞馬遜的 Alexa 等無實體的語音互動系統，已經安裝在智慧手機和其他設備中。這些系統能夠理解人類語言指令並做出適當的回應，例如播放音樂、開燈、查看天氣和導航等等。圖靈測試的成就就快達到了。雷 · 庫茲威爾（Ray Kurzweil）預測，到 2029 年，機器將能夠到達人類的智慧。

人工智慧和失業 ───────── ‧‧‧‧‧

人類真心憂慮人工智慧會搶走甚至白領專業人士的工作。然而，工作的概念是上個或兩個世紀以來一個相對較新的概念。工業革命的到來創造了與機器一起工作的「工作」的概念。隨著人們從較低級別的工作晉升到較高級別，工作發展為職業。工業和資訊社會也創造了我們所知道的生活方式概念，我們的生活乾淨而富裕，擁有從事休閒和自我發展活動的資源。

在智慧機器時代，工作的未來會是什麼？沒有人能夠有肯定的答案。我們確實知道，人類的聰明才智創造了新的可能性。有個教訓是，不要為了自尊而過度依賴工作。在今天，工作不僅被認為是收入的來源，而且是意義和社會地位的來源。如果可以透過普遍基本收入來處理收入因素，那麼工作的重要性將是什麼？人類對挑戰和地位的需求，造成了多種自我挑戰的競爭、擴展我們的感知能力，並獲得認可。

媒體上充斥著關於人工智慧對社會政治和經濟影響的故事。許多會議都在探討人工智慧。在一個機器能夠完成幾乎所有工作，並且能夠了解我們的喜好、慾望和恐懼的世界裡，將會存在什麼樣的挑戰？我們想做什麼？今天問一個超級有錢的孩子他想做什麼？也許他會想要從事享樂主義的揮霍。這種做法可能會導致法國大革命前夕達到頂峰的貴族社會。或者，也許她想更加了解自己的神聖本質並享受持續的幸福。這種做法可能會抵達 Ram Rajya* 的狀態，沒有人需要擔心生存或被利用。或者她想成為一個有創造力的人，致力於為他人創造藝術或知識或快樂的環境。

---

* 譯注：Ram Rajya 為甘地心目中社會理想且公平的太平盛世。

人工智慧與生存威脅

對於人工智慧的一個非常重要的觀點，是關於存在問題。一個高於人類智慧的人工智慧，是否會忽視它的人類創造者和主人？它會尊重人類原則而不傷害人類嗎？它需要人類嗎？卓越的人工智慧能否會對人類做出人類對猿類和大象所做的那樣？生命未來研究所（The Future of Life Institute）持續舉行相關會議，與會者有科學家和企業家。像伊隆馬斯克（Elon Musk）這樣的企業家認為人工智慧對人類構成了生存威脅。Facebook 的馬克・祖伯格（Mark Zuckerberg）等人則持相反意見，認為自己對於掌握人工智慧的能力充滿信心。最後，Mark Cuban 說：誰能夠掌握人工智慧，誰就會成為世界上第一個兆萬富翁（trillionaire）！

結論

人工智慧是一種理解智慧並將其嵌入軟體和設備的方式。人工智慧能夠完成許多常規知識性工作，對我們今天看到的工作構成了威脅。然而，之前的工業革命在摧毀舊的工作崗位的同時，也創造了許多新的產業。人工智慧有可能在未來幾年內追上並超越人類智慧。它也有可能對人類構成生存威脅。

自我評量

- 什麼是人工智慧？它為什麼值得關注？
- 比較神經網路和遺傳演算法，列出兩個相似點和兩個不同點。大數據與這些方法有何關聯？
- 工業革命有哪些經驗教訓有助於理解認知革命或人工智慧革命？資訊革命的教訓是什麼？
- 想像並列出四種在未來 5 ～ 7 年內將司空見慣的新工作類型。其中任何一個對你有吸引力嗎？
- 人臉辨識系統的廣泛運用涉及哪些倫理問題？

20

資料所有權和隱私

資料是一種數位資源，可以同時由許多實體產生和共享。資料革命的進展如此神速，以至於大多數國家幾乎沒有時間制定資料所有權和隱私制度。資料隱私始於「資料應該屬於產生資料的活動主體」的主張。資料隱私領域包括了與收集和使用資料相關的所有法律框架和方法工具。近期的案例，如劍橋分析，以及臉部辨識系統的普遍使用，使資料隱私和道德問題成為熱門話題。

《 案例｜劍橋分析 》

總部位於英國的劍橋分析（Cambridge Analytica）未經使用者同意，濫用超過 5000 萬筆 Facebook 使用者的資料進行政治行銷。最初的活動是透過劍橋大學研究人員的 Facebook 應用程式，從幾十萬 Facebook 使用者那裡收集資料，僅用於學術目的。但是，這支應用程式能夠從這些人的整個個人網路中收集資料，並被人以某種方式與劍橋分析共享，後者將這些資料用來進行針對美國數千萬人口的政治行銷。英國議會舉行了公開聽證會，Facebook 因其在這些活動中的角色而被稱為「數位黑幫」，也因未能保護用戶資訊而被英國監管機構罰款。2019 年 7 月，美國聯邦貿易委員會裁決 Facebook 因未能規範劍橋分析的不當資料收集行為而罰款 50 億美元。

問題 1：這是一起非法「資料洩露」案件嗎？誰該負責？這對受牽連的公司有什麼不利影響？

問題 2：歐洲的 GDPR 會停止這項活動嗎？

資料所有權 　　　　　　　　　　　　　　　　• • • • •

資料是由人類和機器產生的。許多設備和方法都涉及資料的建立和傳播。問題在於，是否每個參與資料生產和通訊鏈的實體，都有權複製資料並擁有它。以下是一些實例：

- 首先，產生資料的個人或實體應有權控制其傳播和使用。它甚至可能受到版權法的保護。例如，一段舞蹈影片應該賦予舞者最終使用影片的權利。表演者可能是最初委託錄製影片的人。

- 其次，資料產生設備（例如影片或音訊記錄設備）的所有者可能花費了技能和時間來產生該資料，並且將擁有該資料的某些所有權。但是，如果使用智慧手機等行動裝置錄製上述舞蹈，並上傳到公共雲端帳戶，則所有權不應屬於設備製造商或雲端服務提供者。

- 第三，如果資料發布在 Facebook 或 Twitter 等社群媒體上，這些公司會想要利用這些資料謀利。如果舞蹈影片發布在社群媒體帳戶上，它就是公開的。但是，若未經所有者同意，它的使用範圍應該受到限制。

- 第四，國家機構開發的人工智慧應用程式可能需要收集此類資料來進行開發和訓練，並有可能要求出於培訓目的的強制存取該資料。

資料所有權幾乎必然會在版權法之上發揮作用。因此，任何能夠證明對影片、圖像或圖表等具有明確版權所有權的人，自然會擁有該資料。但是，依照 Facebook 等社群媒體網站的使用條款和條件規定，資料可能會與社群媒體網站本身共有，以換取免費分享服務。

資料隱私

歐洲引入了 GDPR（一般資料保護權利），提供第一部關於資料保護和隱私的綜合性法律。許多國家仍在制訂其資料隱私制度。特別是美國在保障其公民的資料隱私權方面，遠遠落後於歐洲。印度正在制訂一項基本上模仿 GDPR 的資料隱私政策。

資料隱私模型

資料隱私模型有三種。一是沒有太多隱私的中國模式。一是商業導向的美國模式，消費者基本上沒有固有的資料權利，供應商組織負責透過同意協議管理隱私。最後是歐洲模式，國家承認資料隱私並賦予消費者某些權利。許多

其他國家正在採取這種中間路線，來平衡個人權利和對持續創新的支持。接下來將討論這三個模型。

中國模型

很少或根本不期望提供資料隱私。大多數中國年輕人對資料隱私沒有興趣或期望。這些人認為，如果沒有做錯任何事就沒有擔心的理由。數位平台的運用相當普及，其中最引人注目的是微信。這個平台的功能豐富，還支援電子支付，所有資料都以數位形式交換。政府和其他組織基於安全目的部署了人臉辨識系統。只有時間能夠證明這到底是不是正確的做法。

美國模型

隱私對美國公民來說非常重要。然而，資料隱私一直難以執行。財務資料用於個人信用評分，此類資料受少數組織監管。金融機構不遺餘力地保護所有個人的身分和財務細節。每當發生資料洩露事件時，都會引起軒然大波，企業組織就會失去聲譽和市場價值。Google 和 Facebook 這類大型科技公司收集了大量有關個人及其線上活動的資料。這些資料成為「為個人產生新的和有利可圖之客製服務」的平台。行動應用程式在不告訴使用者的情況下收集大量資料，或者將同意字眼隱藏在使用條款和條件的小字中。

歐洲模型

歐洲已經意識到需要保護個人隱私，並將某些權利編入一般資料保護權利（GDPR）。該法律 2018 年 5 月生效，適用於在歐洲任何或所有地區營運的所有實體。它規定了對違反這些資料隱私權的公司的嚴厲處罰。因此，了解該法律的方法和細節非常重要。

關鍵原則涉及（a）可以收集和儲存哪些資料，（b）如何處理和使用這些資料。

資料僅應出於明確、具體和合法的原因收集和儲存，並應該在個人同意的情況下收集。個人有權撤回對儲存資料的同意。資料所有者（與資料相關的人）

有權被遺忘。也就是說如果他們要求，就必須在一定時間後刪除有關他們的資料。個人有權查看資料是否準確，如有需要，應更正資料。資料應儲存在個人的地理位置。資料應僅在特定目的期間保留，然後丟棄。

資料應以合法和透明的方式處理，且處理是為了滿足特定目的，例如履行法律或合約義務。當涉及某些重大公共利益時，資料可以進行處理。它應該為組織或個人的透明和合法利益服務。

GDPR 制訂之罰款為 2000 萬美元或公司全球收入的 4%（取較高金額）。這個金額應該是一個很好的威懾，監管機構已經表現出執行這些法律的傾向。不過迄今為止，還沒有出現根據 GDPR 發布的重大處罰。越來越多的資料隱私專業人士為組織提供法律建議，以保護自己免受財務和聲譽損失。

資料共享的難題 ⋯⋯⋯

人工智慧擁有巨大的前景，但要發揮作用，它必須從海量資料中學習──資料越多樣化越好。透過學習模式，人工智慧工具可以發現見解並幫助科技業、醫院、製造業等領域的決策制定。然而，資料的共享不總是安全的──無論是個人身分資訊、持有專有資訊，還是這樣做會有安全問題。然而，世界正在緩慢地從一個擁有集中資料的世界轉變為一個必須對無處不在的資料感到習慣的世界。一項估計顯示，到 2022 年，連接設備的數量將增加到 500 億台。更多的點對點通訊、點對點協作，和點對點學習，重心從集中式資料轉向分散式資料。挑戰在於確保從這些設備收集的所有資料的安全，同時能夠分享從資料中學習到的知識，這反過來又有助於讓 AI 變得更聰明。

舉例而言，假設一家醫院在胸部 X 光片上訓練機器學習模型。在這家醫院，他們看到很多肺結核病例，但肺炎病例很少。因此，他們的神經網路模型經過訓練後，對檢測結核病非常敏感，而對檢測肺炎則不太敏感。現在，假設另一家醫院的狀況相反。可以想像，這將有助於兩家醫院共享他們的資料，以便兩家各自的神經網路模型能夠更精確地預測這兩種情況。如果不共享資料，就無法減少兩家醫院的偏見。

為了完全防止資料共享，可能會出現一種僅共享見解和學習的模型。從根本上說，這將更加安全。假設一個產業區塊鏈進入並收集所有的知識，它可以將這些知識與來自其他地區和國家的其他醫院的學習相結合，對它們進行平均，然後將更新後的全球綜合平均學習資訊發送回所有醫院。這將會是為了共同利益而共享資料的演變。

總結

資料可以使用軟體工具收集在一起，以在未經個人同意的情況下辨識和定位個人。這需要一個新的資料隱私制度來保護個人免受大型組織的侵害。不同的國家和地區遵循不同的制度，以符合其文化和政治理念。歐洲的 GDPR 體系是在個人隱私和經濟創新之間取得良好平衡的新黃金標準。資料隱私專業人士越來越需要指導企業組織為未來做好準備。

自我評量

- 確定資料所有權的複雜性是什麼？

- 為什麼資料隱私很重要？要怎麼保證？

- 描述三種隱私模型。

- 像 Liberty（見第 1 章）這樣的零售組織如何保護自己，避免違反 GDPR？

21

資料科學職業

資料科學是發展快速並逐漸成熟的工作領域。可以將它的興起與電腦科學的興起進行類比。正如電腦科學花了幾十年才成為主流一樣，資料科學現在也正在成為主流。電腦科學在 1960 年代初開設了第一門課程。目前，每所大學都已經在提供、或正在開發資料科學課程。

資料科學的畢業生有廣泛的工作前景，例如資料工程師、資料分析師、資料視覺化師、資料倉儲專家、機器學習專家等。資料科學家的薪水很高。幸運的是，許多線上資料科學課程都幫助即時學習。這個領域發展非常迅速，所以從業者應該持續提高自己的技能。

資料科學家

每個人都可以成為資料科學家。資料科學家透過整個 BIDM 週期（參見第 1 章的圖 1-1）來協助業務成長。優秀的資料科學家知道如何辨識和關注高優先級問題。他／她找到解決問題的正確角度，深入研究資料，並尋求資料可能引發的新見解和模型，從而解決問題。

資料科學家在整個資料處理鏈中工作，從收集、準備、建模、儲存、分析和視覺化資料，以方便商業專家消化。理想的資料科學家是一個多學科的人，堅持不懈地追求解決方案，並且精通商業管理、資料庫、統計、人工智慧和溝通技巧。資料科學家享受沉浸於資料當中，並找到最終與所有自然法則的統一場共振的模式。

資料工程師

資料工程師專注於資料的所有權。此專業包括從許多資料管道中持續收集資料，歸納資料以滿足商業需求，然後對它進行調整，為分析做好準備。資料工程師與商業分析師、軟體工程師和資料科學家合作，依照需求修改資料庫設計和性能。資料工程師也可以擔任資料倉儲工程師，並使用 ETL 腳本來保持資料倉儲是最新的。資料工程師定義並構建新的資料管道，以便在企業內做到更快、更好、以資料為依據的決策制定。

資料視覺化專家

資料視覺化專家構建全面而多彩的圖表和動畫的藝術，以深入洞察的核心，並以快速且易於存取的方式呈現它們。隨著資料呈指數級增長，人工智慧產生許多見解，所有見解的消化變得越來越重要。想像力對於創造新的有趣事物是最重要的，同時必須忠於資料和良好的視覺化原則。達成這些所需的方法技能是使用 Tableau 等公開可用的工具，以及建立圖形圖表。

資料科學能力

對於資料科學家或 BI 專家來說，沒有人能真正定義所需技能。真正的考驗是想從事資料科學的意願有多強烈。你願意付出心力鑽研這個領域嗎？

第一個自測是你與資料的關係。反思一下，你有多喜歡使用資料來解決問題或開發見解？你最近對資料做了什麼？收集一個小資料集並開始使用它。

分析和視覺化新資料集，看看你可以從資料中產生什麼樣的見解。你能想像和傳達這些見解嗎？這個過程讓你感到興奮嗎？到 kaggle.com 尋找免費資料集，並查詢目前有提供獎金的資料科學挑戰。

在一個資料科學專案中，資料準備大約會花上 70 ～ 90% 的時間。這項工作無聊但非常重要。沒有好的資料，就會得到垃圾進、垃圾出的結果。它需要耐心和對細節的關注。不要氣餒。

高階主管不會立即相信基於資料的見解。他們會要求在接受結果之前以更多方式查看資料。任何工作都需要好奇心、毅力和創造力，在資料科學中更是如此。

熱門技能 — • • • • •

資料科學是一門真正的跨領域學科。用於資料分析的熱門程式語言是開源語言，例如 R、Python 和 Scala。有許多 IBM SPSS、SAS 等主要供應商的商業 GUI 平台，還有一些基於 GUI 的開源平台，例如 Weka。

網路上有很多關於資料科學職業和教育機會的建議。以下有一個很棒的範例：

https://www.mastersindatascience.org/careers/data-scientist/

22

資料分析的要點

章總結了全書涵蓋的資料分析要點。

框架和應用 ‧‧‧‧‧

- BIDM 週期：商業是為滿足某人的需求而進行一些富有成效之事情的行為。商業活動被記錄在紙上或電子媒介上，然後這些記錄變成資料。資料可以使用特殊工具和方法進行分析和探勘，以產生模式和智慧。然後這些想法可以回饋到商業中，使其發展得更加有效和高效率。

- 資料處理鏈：資料可以建模並儲存在資料庫中。相關資料可以被汲取以用於報告和分析，並且可以儲存在資料倉儲中。倉儲中的資料可以加以探勘以產生新的見解。管理儀表板的用意是為每位主管提供有關少數幾個變數的資訊，這些見解需要進行視覺化，並傳達給正確的受眾。

- 商業智慧：用於資料收集、分析和視覺化的工具和方法。其中包括資料倉儲、線上分析處理、社群媒體分析、報告、儀表板、查詢和資料探勘。BI 系統的特定設計會將提供的資訊與執行官需要的關鍵績效領域相吻合。

- 決策：隨著網際網路的發展，全球的行動速度呈指數級增長。在競爭激烈的世界中，決策速度和後續行動可能是關鍵優勢。決策類型：主要有兩種決策：策略決策和營運決策。BI 可以對許多可能的策略場景進行假設分析，也可以協助自動化營運級別的決策制定，並提高效率。

- BI 應用程式：幾乎所有行業和部門都需要 BI 工具來幫助主管掌握有關商業績效的最新指標。BI 應用程式包括最佳做法辨識、詐騙檢測、細分、邏輯決策模型等。BI 系統有助於計算風險，並根據廣泛的事實和見解做出決策。有了對未來的可靠理解，便能協助管理階層以較低的風險做出正確的決策。

- 模式：模式是有助於掌握某些趨勢的設計或模型。所有的模式本質上都是在找出什麼會一起，什麼會分開。完美的模式或模型是（a）準確描述情況，（b）廣泛適用，並且（c）可以以簡單的方式描述的模式或模型。見解的價值取決於要解決的問題。

- 模式的類型：模式可以是暫時的，這是隨著時間的推移經常發生的事情。模式也可以是空間的，例如以某種方式歸納的事物。模式可以是功能性的，因為做某些事情會導致某些效果。長期建立的模式也可以被打破，過去並不一定能預測未來。

- 資料探勘：資料探勘是從資料中發現有用的創新模式的藝術和科學。這是探勘大量原始資料以汲取獨特的重要而有用模式的行為。終端使用者甚至可以在沒有太多演算法知識且資料有限的情況下，完成資料探勘。它是一個多學科領域，借鑒了各種領域的技術，包括資料庫、統計學、人工智慧和商業決策。資料探勘可以帶來有趣的見解，並成為新想法和倡議的來源。資料科學家被稱為這十年來最熱門的工作。

- 資料探勘專案：要解決高優先、高價值的問題，應該進行資料探勘。選擇正確的資料探勘問題，是一項重要技能。問題應該足夠有價值，以至於值得花費時間和費用來解決。問題需要從更廣泛的角度來看待，以考慮許多富有想像力的解決方案。商業領域的知識有助於選擇正確的資料流來尋求新的見解。適合眼前需解決的問題之性質的資料應該加以收集。

資料處理鏈

- 資料：被記錄下的任何東西都是資料。資料可以透過多種方式出現。資料的來源數量不拘。資料可以是名目型、次序型、區間型或比率型。「資料的資料」也是存在的。

- 資料化：它代表幾乎此刻所有的現象都被觀察和儲存下來。硬碟儲存媒介的密度和容量每 18 個月就會翻倍。非結構化資料可以來自資料庫、部落格、圖像、影片、聊天、社群媒體、機器產生、RFID 標籤等。

- 資料準備：資料應該被清理和歸納，然後可以使用特殊的工具和方法來搜尋模式。收集和整理資料需要時間和精力。資料清理和準備是一項勞動密集型或半自動化活動，可能會佔用資料探勘項目所需時間的 80 ～ 90%。它包括刪除重複資料、刪除闕漏值和異常值、分箱和轉換值。

- 清理資料：在進行資料探勘之前，應將資料放入具有清晰欄與列的矩形資料形狀。資料品質對資料探勘項目的成功和價值至關重要，並避免垃圾進、垃圾出。從正確的角度深入研究乾淨且歸納良好的資料，可以提高做出正確發現的機會。

- 資料庫：資料庫是可透過多種方式存取的建模資料集合。它通常用於事務處理系統，以持續儲存全面、詳細、準確的資料來支持商業活動。

- 資料倉儲：資料倉儲（DW）是經過整合、主題導向的資料庫集合，專門設計來支持決策和功能。DW 以適當的詳盡級別組織而成，以標準化格式提供乾淨的全企業範圍之資料，用於報告、查詢和分析。DW 支持商業報告和資料探勘活動。

- 開發 DW：開發資料倉儲有兩種根本上不同的方法：由上而下，和由下而上。由上而下的設計開發了一個整合的企業級資料倉儲來支持整個組織，需要更多的時間、成本和協調來進行開發和維護。由下而上的方法為特定部門或功能開發資料集市。它的開發更容易且更快速。然而，整合資料集市可能會為企業組織帶來挑戰。

- 維護 DW：資料倉儲有四個關鍵要素：資料來源、資料汲取和轉換、資料加載到 DW，以及資料存取和分析。一座好用的資料倉儲的核心是汲取 - 轉換 - 加載（ETL）的流程，以使用高品質資料填滿 DW。DW 使用星型模式作為首選的資料架構，並且有一個中央事實表提供大部分的焦點資訊。

資料探勘過程和方法

- 資料探勘流程：資料探勘行業提出了跨行業資料探勘標準流程（CRISP-DM）。它有六個基本步驟：商業理解、提出富有想像力的假設、收集乾淨和相關的資料、建模、測試解決方案和施行。

- 資料探勘系統：可用於 BI 和 DM 的工具很多。其中包括 IBM SPSS Modeler 等專業級系統，以及 MS Excel 等終端使用者的系統。開源系統包括 GUI 導向的 Weka，以及 R 和 Python 這樣的程式語言。

- 資料探勘方法：這包括從原始資料構建決策模型的統計和機器學習方法。本書涵蓋了較重要的資料探勘法：包括決策樹、迴歸、人工神經網路、集群分析等。資料探勘的輸出可以是決策樹、迴歸方程式、集群質心、關聯規則、判別函數等形式。

- 學習類型：模式或學習有兩種：監督學習和無監督學習。監督學習使用標記資料為未來決策開發模型。無監督學習在未標記資料中尋找模式，以幫助建立一些結構來劃分和消化大量資料。

- 監督學習：也稱為分類系統。分類方法被稱為監督學習，因為有特定方法來監督模型是對還是錯。它使用過去實例的資料建立模型，以開發一個該領域的良好模型。大約 80% 的資料用於建立模型。其餘資料用於測試模型的準確性。所有分類方法的一個共同指標是預測準確性，定義為：正確預測 / 總預測。

- 無監督學習：這些是歸類和整理資料以尋找模式的方法，例如資料中的集群，或不同資料值之間的某些關聯。

- 決策樹：它們是層次樹結構，有助於將母體分類。決策樹（DT）是最熱門的資料探勘方法，因為它們易於理解、易於使用、具有很高的預測準確性。使用決策樹時，當我們以特定順序提出某些問題，便可以做出決定。一株好的決策樹應該只問少數幾個問題就能做出一個好的決定。

- DT 演算法：有很多演算法可以實現決策樹，相同的資料可能會產生不同的樹。它們會自動選擇最相關的變數，容忍資料品質問題，並且不需要使用者進行大量資料準備。這些演算法的分叉標準以及停止和修剪標準各不相同。在構建 DT 樹時，應該首先提出較重要的問題，使資訊獲益最大化，然後繼續以遞歸方式構建子樹，直到達到葉節點或達到停止標準。

- 集群分析：它是一種無監督或探索性的學習方法，有助於自動辨識事物的自然分組。在集群分析中，沒有能夠計算出正確或錯誤答案的輸出或因變數，也沒有最理想的方法能夠確定資料中存在多少好的集群。合適的集群數量將取決於商業需求。

- 集群分析演算法。集群分析是一種機器學習方法。集群結果的品質取決於**演算法、距離**函數和應用。集群間距離→最大化；集群內距離→最小化。K-means 是一種熱門的方法。K-means 演算法簡單、易於理解、易於實現且計算效率高。它使用遞歸演算法從資料中建立使用者指定的 K 個集群。其他集群演算法包括 K-Modes 等。

- 迴歸：迴歸有助於找到資料中的最佳擬合曲線；預測多維空間中的因變數。擬合品質透過曲線解釋的變異數來衡量。它由相關係數來表示，相關係數是變異數的平方根。

- 迴歸過程：散佈圖可以協助直覺地確定幾個變數之間的最佳擬合曲線。迴歸的關鍵步驟包括建立因變數（DV）和其他自變數，並找到使用其他變數預測 DV 的方法。

- 人工神經網路（ANN）：這些是受心／腦資訊處理模型啟發的多功能系統。ANN 是多層非線性資訊處理模型，可以從過去的資料中學習並預測未來的值。

- ANN 學習過程：當神經網路中的各種處理元素調整輸入和輸出之間的基礎關係（權重、傳遞函數等）以因應對其預測的回饋時，ANN 中的學習就會發生。隨著系統獲得對其預測的回饋，它們的中間突觸參數值就會演變，使 ANN 從更多的訓練資料中學習。人工神經網路的一個很大的限制是它就像一個黑箱，但它被訓練來解決特定類型問題，並能發展出高預測能力。

- 關聯規則探勘（ARM）也稱為購物籃分析。它是一種無監督學習方法，用來尋找資料值之間的關聯。在商業中，它被用來發現變數（項目或事件）之間的有趣關係（親和力），以便交叉銷售相關產品並增加銷售規模。

- ARM 演算法：在關聯規則探勘中，目標是在交易資料集 T 中找到滿足使用者指定的**最小支持和最小信心水準**的所有規則。存在於 T 中的關聯規則集是唯一確定的，與使用的演算法無關。Apriori 演算法是最熱門的演算法，它使用由下而上的方法。另有 ECLAT 和 FP-growth 演算法。

大數據探勘 ·····

- 大數據：這是一個統稱，指的是一組極其龐大和複雜，以至使用傳統的資料管理工具難以處理的資料集。它的特點是資料的數量、種類和速度會呈指數增長。

- 大數據影響：它正在顛覆每個行業。任何生產以資訊為基礎的產品的行業，最有可能被顛覆。使用大數據可以加強 IT 平台，以實現圍繞數位資產和能力的「數位商業策略」。

- 大數據生態系統：速度和規模對於管理大數據很重要。大數據生態系統，包括可擴展資料消化系統、分佈式文件系統、串流處理系統的技術系統、大規模並行計算處理、非關聯式資料庫等等，通常都託管在雲端計算基礎架構上。

- 文字探勘：它是一門藝術和科學，從有組織的文字資料庫集合中發現知識、見解和模式。文字的來源可以是社群媒體、法律案例、學術出版物或任何其他。

- 文字探勘過程：這是一個半自動化的過程。文字資料透過三個步驟進行收集、結構化和探勘：將文字收集到語料庫中；分析語料庫以建立詞彙 - 文件矩陣；並使用資料探勘方法分析 TDM。

- 網路探勘：它是從網際網路中發現模式和見解的藝術和科學，網際網路是一個巨大且快速增長的實體。網路的結構、內容和使用模式皆可進行分析。網路探勘的三種類型是：網路使用探勘、網路內容探勘和網路結構探勘。

- 網頁內容探勘：它會評估網頁內容的數量和品質，例如可以跨網站比較內容，了解它們的相似程度。

- 網路結構探勘：網路是一種超連結結構。網路結構尋找網站之間的關係模式。它會尋找密集關係的子網路，以及重要網站，例如樞紐（Hubs）網站和權威（ Authorities）網站。樞紐網站是線上瀏覽的入口，權威網站則是關於特定領域之權威或真實知識的終端節點。

- 網路結構探勘演算法：PageRank 是 Google 用來確定搜尋查詢中列出之頁面順序的演算法。它是超連結引發的主題搜尋（HITS）的一個版本，是一種將網頁視為中心或權威的連結分析演算法。

- 網路流量探勘：這是一種從網頁存取和交易的點擊流所產生的資料日誌中，汲取消費者對資訊的使用活動的方法。點擊流通常被打包到用量時段（session）中，以辨識使用者之興趣，並設計出更佳的使用者體驗。

人工智慧和資料隱私

- 人工智慧：這些是發展快速、非常強大的系統，它們使用大數據即時產生見解。人工智慧方法包括機器學習、自然語言處理、專家系統、電腦視覺、機器人方法和其他功能。機器學習系統是那些使用神經網路、遺傳演算法等幫助從資料中學習模式的系統。人工智慧系統包括機器人和無人機，以及 Alexa 和 Siri 等語音系統等等。

- 人工智慧與工作和生活的未來：以人工智慧為基礎的系統在工作場所的日益強大和滲透，已經產生了人工智慧會奪走白領專業人士的工作之恐懼。Ray Kurzweil 預測，到 2029 年，機器將能夠到達人類的智慧。關於人工智慧的一個非常重要的觀點是，一個優於人類智慧的人工智慧是否會忽視它的人類創造者和主人。

- 資料分析職業：根據技能組合，有四種基本的職業類別。不過，所有的類別都需要對資料有一定的熱愛。入門技能要求類別稱為「資料工程」，它們協助資料準備和構建資料管道。以高級技能為基礎的角色稱為「資料科學家」，他們使用各種資料分析方法幫助解決商業問題。以藝術技能為基礎的角色是「資料視覺化」。透過以有趣的方式存取見解，這些將有助於將大型資料集和見解變為現實。根據不斷變化的隱私問題和政府政策，法律思維將有助於引起人們對資料管理的關注。企業組織越來越需要資料隱私專業人士的指導，為未來做好準備。

- 資料隱私：資料隱私始於對「資料應該屬於產生資料的活動主體」之期望。資料隱私領域包括了與收集和使用資料相關的所有法律框架和方法工具。

- 資料所有權：許多設備和方法都涉及資料的建立和傳播。問題在於，資料生產和通訊鏈中涉及的每個實體是否都有權複製資料並擁有它。資料所有權幾乎必然在版權法之上起作用。因此，任何能夠證明對影片、圖像或圖表等具有明確版權所有權的人，自然會擁有該資料。

- 資料隱私模型：資料隱私模型有三種。一是沒有太多隱私的中國模式；其次是商業導向的美國模式，消費者基本上沒有固有的資料權利，供應商企業負責透過同意協議來管理隱私；最後是歐洲模式，國家承認資料隱私並賦予消費者某些權利。

- 歐洲的 GDPR 體系：一般資料保護權是在個人隱私和經濟創新之間取得良好平衡的新黃金標準。關鍵原則涉及（a）可以收集和儲存哪些資料，（b）如何處理和使用這些資料。收集和儲存資料應出於正當理由，並應該以合法和透明的方式處理。GDPR 規定對任何違規行為處以 2000 萬美元或公司全球收入的 4% 的罰款，取較高者為準。

NOTE

23

資料分析專題報告樣本

這是一份由美國瑪赫西國際大學（Maharishi International University）MBA 學生團隊完成的資料分析報告。這份報告探討了教育與離婚之間的關係。研究問題是團隊從許多腦力激盪的問題中選出的。他們的選擇標準是：（a）研究問題應該要有相當的重要性，值得投入；（b）必須要是小組成員都感興趣的題目；（c）小組成員應該對預期結果持有不同的理論意見，以及（d）報告最好能夠比較非相鄰變數。

執行摘要：教育會影響離婚嗎？ —————— •••••

背景

在整個社會中，普遍的觀點是：由於教育水準的提高，社會中的離婚率正在上升。另一方面，高等教育使個人能夠提高覺知、收入和獨立性，使人們能夠對婚姻做出深思熟慮的決定。這兩個因素的相對強度只能憑經驗確定。

目標和方法

使用來自各個公共領域的二手資料，我們的目標是探索 1990 年至 2009 年美國 51 個州的不同教育水準、收入和失業率影響離婚率的變數。

發現

我們最有力的發現是，與普遍的看法相反，教育與離婚呈負相關，其中學士學位是最具有預測重要性的單一變數，即使在控制其他變數後仍然保持強勁。另一方面，高中學歷與離婚呈正相關。

結論

我們的研究結果證實，離婚與在美國研究的所有變數呈負相關，高中學歷除外。然而，需要更多的背景資料分析來證明這背後的原因。

研究問題：教育是否影響離婚 —————— •••••

離婚是婚姻的終止，解除了婚姻的法定義務和責任，也解除了夫妻之間的婚姻關係。過去，人們會延長痛苦的婚姻以避免離婚，尤其是女性。然而在當今世界中，情況並非如此。離婚率被認為以驚人的速度成長，已成為全球趨勢。許多調查和研究的重點在關注離婚對兒童及其教育的影響。只有很少的研究來研究影響離婚率的因素。在美國，人們普遍認為離婚率呈上升趨勢，已成為當今美國社會無法迴避的事實。影響離婚率的因素很多，如教育、宗教、民族、無過錯責任法、收入中位數、女性就業率、貧困率、失業率、年齡、性別等。

在此研究中，我們研究了教育和離婚領域，以了解教育是否對美國 51 個州的離婚率有任何影響。我們的主要研究問題是「教育會影響離婚嗎？」然而，此研究擴大到包括其他重要變數，例如收入中位數、失業率和不同教育水準——高中畢業、學士和碩士學位，我們認為這些變數對離婚率有重大影響。而且，研究問題已更改為包括這些變數：「在所調查的因素中，哪一個因素在決定離婚率方面具有最顯著的意義？」作為分析的一部分，我們收集了美國 51 個州的所有這些變數的資料，並分析了它們對 20 年（即 1990 ～ 2009年）離婚率的影響。我們的研究目標是：

- 了解教育程度是否真的會影響離婚率；

- 了解離婚率是否受收入中位數和失業率等其他因素的影響，並且

- 找出這些預測變數是否相關。

在全球各地和各文化中，婚姻普遍存在於社會，教育也是每個人的主要需求。但離婚也是一個並存的特徵，它顯示了人類的行為。離婚率的趨勢一直是公眾討論的熱門話題。在我們的研究中，我們特別關注教育水準對美國 51 個州之離婚率的影響，儘管教育對離婚風險的影響已在許多研究中得到證實。同時，這種影響的強度和方向並未達成共識：受過高等教育的社會離婚風險是更高還是更低？英國的識字率高達 99%，據《電訊報》報導，2010 年，英國成為離婚率最高的國家，每年約有 120,000 人離婚。

根據挪威社會學家 Torkild Hovde Lyngstad 的說法，一對夫婦的離婚率可能會受到他們自己的教育程度、父母的教育程度，以及婚後是否接受過進一步教育的影響，儘管這項預測是模棱兩可的。然而，這三個變數從未同時包括在內，很少有研究包括雙方的特徵。伴侶的高等教育意味著當他們賺得更多時，家庭經歷的經濟問題就會減少，這個因素會降低離婚風險。該分析使用 Diekmann 和 Mitter 在 1984 年所做的 Sickle 迴歸。結果顯示，家庭事件，如初婚年齡、結合類型或家庭中有孩子，會顯著影響離婚風險。這些研究激發了我們進一步探索這方面的興趣。

假設

在本節中，我們將嘗試找出美國 51 個州在五個不同時期的離婚率的決定因素。作為我們使用的解釋變數，每個州的收入水準、失業率和教育程度。本研究中用於分析日期的模型有線性、迴歸、神經網路、CART、K-means 和兩步模型。

我們的因變數是美國在選定年份（1990、1995、2000、2006 和 2009）的離婚率。我們有 3 個自變數：教育水準、收入水準和失業率。

我們的假設如下：

- 離婚率與教育水準成反比
- 離婚率與收入水準成反比
- 離婚率直接受失業率影響

但是，在獲得結果上，我們資料中出現的任何關係都可能是隨機產生的。為了支持我們的假設，我們需要將結果與相反的情況進行比較：離婚率不受教育程度的影響。這將是我們的零假設——斷言我們正在測試的事物（即離婚率和教育程度）不相關，而我們的結果是隨機事件的產物。當原假設在顯著性水準（90% 或 95% 或 99%）被拒絕時，我們可以得出結論，對立假設（alternate hypothesis）未被拒絕，並且被測變數以有意義的方式相關（因

此，產生結果的機會根據我們選擇的信心水準，隨機事件或偶然性將低至 10%、5% 或 1%）。為此，我們將使用以下模型來演示變數之間的關係：

$$DIV_t = (\alpha)EDU_t + (\beta)UNEM_t + (\gamma)INC_t + \varepsilon$$

其中：

DIV = t 年的離婚率

EDU = t 年的教育率

UNEM = t 年的失業率

INC = t 年的平均收入水準

ε = 誤差項

我們將假設變數之間的關係如下：

- 全局測試，看任何一個自變數和因變數之間是否存在關係。

$$\begin{cases} H_0: \alpha = \beta = \gamma = 0 \\ H_1: \alpha \neq \beta \neq \gamma \neq 0 \end{cases}$$

- 受教育率與離婚率呈顯著負相關：

$$\begin{cases} H_0: \alpha \geq 0 \\ H_1: \alpha < 0 \end{cases}$$

- 失業率與離婚率呈顯著正相關：

$$\begin{cases} H_0: \beta \leq 0 \\ H_1: \beta > 0 \end{cases}$$

- 收入水準與離婚率顯著負相關：

$$\begin{cases} H_0: \gamma \geq 0 \\ H_1: \gamma < 0 \end{cases}$$

資料收集和研究方法 ⎯⎯⎯⎯⎯⎯⎯⎯　•••••

我們進行了廣泛的搜尋來尋找資料來源，從中找出相關資料來進行研究分析。為了這個時間和範圍限制的研究，我們只使用了二手資料，沒有收集主要資料。我們從各種來源收集資料，例如疾病控制和預防中心、美國商務部美國人口普查局、美國勞工部勞工統計局，以及出版物和期刊等各種來源。

這些資料被收集和歸納成一組我們認為可以用於分析的資料。離婚率資料摘自疾病預防控制中心發布的《全國人口動態統計報告》。報告中有許多資訊，但我們只擷取了離婚率，而收集的離婚率資料代表每千人的離婚率。有關收入中位數和受教育率的資料，是來自美國商務部美國人口普查局發布的報告。教育程度分為三種不同程度：高中畢業生、學士畢業生，或碩士以上畢業生。受教育程度是每一州的人口當中，高中畢業生、大學畢業生或碩士以上畢業生的百分比。我們進行了調整，以消除資料的共線性，因為高中畢業生的百分比中包括了大學畢業生和碩士以上畢業生的百分比，因此為了得到僅有高中畢業生的百分比，大學畢業生和碩士以上畢業生的百分比需要加以刪除。此外，失業資料來自美國勞工部勞工統計局發布的報告。所有必要的資料都是從上述那些報告中汲取的，並以 Excel 格式組合在一起。它看起來如下。

US States	Year	Divorce Ra	High schoc	High school graduate & more	Bachelor's degree	Bachelor's degree and more	Advanced or more	Unemploym	Income
Alabama	1990	6.10	51.20	66.90	10.20	15.70	5.50	6.60	23357.00
Alaska	1990	5.50	63.60	86.60	15.00	23.00	8.00	7.20	39298.00
Arizona	1990	6.90	58.40	78.70	13.30	20.30	7.00	5.10	29224.00
Arkansas	1990	6.90	53.00	66.30	8.80	13.30	4.50	7.20	22786.00
California	1990	4.30	52.80	76.20	15.30	23.40	8.10	6.90	33290.00
Colorado	1990	5.50	57.40	84.40	18.00	27.00	9.00	5.20	30733.00
Connecticut	1990	3.20	52.00	79.20	16.20	27.20	11.00	5.40	38870.00
Delaware	1990	4.40	56.10	77.50	13.70	21.40	7.70	6.30	30804.00
District of Columbia	1990	4.50	39.80	73.10	16.10	33.30	17.20	6.90	27392.00
Florida	1990	6.30	56.10	74.40	12.00	18.30	6.30	6.80	26685.00
Georgia	1990	5.50	51.60	70.90	12.90	19.30	6.40	5.50	27561.00
Hawaii	1990	4.60	57.20	80.10	15.80	22.90	7.10	2.40	38921.00
Idaho	1990	6.50	62.00	79.70	12.40	17.70	5.30	5.90	25305.00
Illinois	1990	3.80	55.20	76.20	13.50	21.00	7.50	6.50	32542.00
Indiana	1990	---	60.00	75.60	9.20	15.60	6.40	5.50	26928.00
Iowa	1990	3.90	63.20	80.10	11.70	16.90	5.20	4.60	27288.00

我們使用 SPSS Modeler 進行資料分析，動用了各種分類和集群商業應用程式來找出離婚率或其他變數之間的相關性，以及最重要的預測變數是什麼。

首先，使用 Excel 來尋找 SPSS Modeler 追蹤的所有變數的趨勢。K-Means 被用來辨識所選變數中的集群，然後是兩步驟集群（Two-Step clustering）方法。線性、迴歸、神經網路、CHAID 和 C&R 樹也被用來預測離婚率，並找出離婚率與所選變數之間的相關性。

資料分析與解讀 ･････

我們使用了 Excel、Weka 和 IBM SPSS Modeler 等分析工具，對收集的資料進行了一系列分析。

Excel 資料分析結果顯示，從 1990 年到 2009 年，所有自變數（**圖 23-1**）：教育、收入中位數和失業率均呈上升趨勢。下圖顯示收入的平均中位數有顯著的提高，從 1990 年的 29,410 美元到 2009 年的 49,860 美元；但是，離婚率有下降的趨勢。該初步分析解釋說，離婚率與預測變數之間存在負相關。必須使用更進階的分析工具進行進一步分析，以確定哪個變數與離婚率的相關性最密切，並查看它是否為離婚率的預測因子。

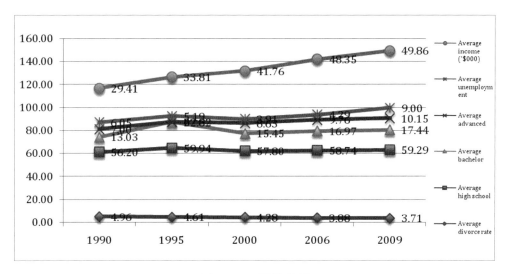

圖 23-1 趨勢分析

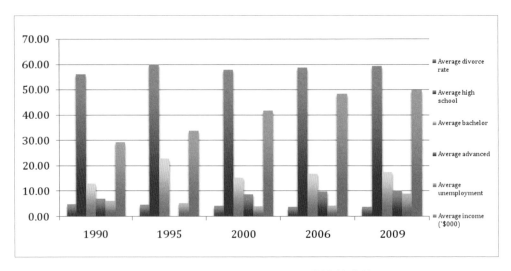

圖 23-2　1990 年至 2009 年的變數比較

使用 SPSS Modeler 進行進一步分析，以下是我們的分析結果。

按照年份將 51 個州的整個資料進行**集群**，將整個資料集劃分為能夠展示出更相似的行為、或結果的穩健性更高的同質組。透過 K 值等於 3 和 4 的 K-Means 演算法，我們發現當 K=3 時集群的品質更高。K-Means 顯示，最重要的預測因子是高等教育水準。這顯示碩士學位比例較高的州，離婚率較低。

圖 23-3 顯示，56.1% 的資料人口集群在一個組中，42% 的人口集群在另一組中。剩下的 2% 代表異常值。K-Means 集群顯示，碩士以上學位為 9.99%、收入為 47,000 美元、學士學位為 19% 的州，離婚率較低，為每 1000 人 3.72 人。值得注意的是，高中教育水準和失業率對離婚的影響很小。然而，那些擁有較低或更高學歷的州，收入低於 32,000 美元，學士學位比例為 14%，每 1000 人中有 5.16 人的離婚率較高。這可以總結為，受教育程度和收入會影響離婚率。此外，華盛頓特區是離群的州，因為它的教育程度和收入最高，但離婚率最低，為每千人 3.14 人。這顯示教育和收入越高，離婚率越低。

Clusters

Input (Predictor) Importance

■ 1.0 ■ 0.8 ■ 0.6 □ 0.4 □ 0.2 □ 0.0

Cluster	cluster-3	cluster-1	cluster-2
Label			
Description			
Size	56.1% (143)	42.0% (107)	2.0% (5)
Inputs	Advanced or more 9.99	Advanced or more 6.80	Advanced or more 22.90
	Income 46,879.17	Income 32,319.26	Income 40,196.00
	Bachelor's degree 19.22	Bachelor's degree 14.11	Bachelor's degree 22.68
	Divorce Rate 3.72	Divorce Rate 5.16	Divorce Rate 3.14
	High school 58.65	High school 58.95	High school 39.24
	Unemployment 5.75	Unemployment 5.52	Unemployment 7.40

圖 23-3　K-Means 集群

透過使用其他模型（例如迴歸分析和決策樹）進行進一步分析來確認 K-Means 的結果，該結果得到了加強。

迴歸分析得出結論，學士學位是離婚率最重要的預測因子，與其他變數相比，預測因子的重要性為 54%。這顯示擁有較高學士學位的夫妻，比起教育程度較低的夫妻，離婚的可能性更小。失業被認為是最不重要的預測因素，只有 8% 的預測重要性，而高中和收入對離婚的預測重要性幾乎相同，為 12%。

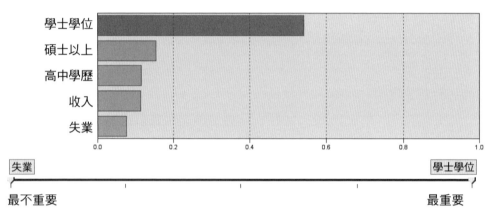

圖 23-4 預測變數的重要性

假設模型中的所有其他變數保持不變，每個變數的係數都表示了在該變數的值發生一個單位變化的情況下，可以預期的離婚變化量。例如，思考一下學士學位變數。假設模型中的其他變數保持不變，我們預計學士學位每增加一個單位，離婚率就會下降 0.36。

Variables Entered/Removed(a)

Model	Variables Entered	Variables Removed	Method
1	Income, High school, Unemployment, Bachelor's degree , Advanced or more(b)	.	Enter
a. Dependent Variable: Divorce Rate			
b. All requested variables entered.			

Model Summary

Model	R	R Square	Adjusted R Square	Std. Error of the Estimate
1	.600(a)	.360	.342	1.028114
a. Predictors: (Constant), Income, High school, Unemployment, Bachelor's degree , Advanced or more				

ANOVA(a)

Model		Sum of Squares	df	Mean Square	F	Sig.
1	Regression	107.098	5	21.420	20.264	.000(b)
	Residual	190.263	180	1.057		
	Total	297.361	185			
a. Dependent Variable: Divorce Rate						
b. Predictors: (Constant), Income, High school, Unemployment, Bachelor's degree , Advanced or more						

Coefficients(a)

Model		Unstandardized Coefficients		Standardized Coefficients	t	Sig.
		B	Std. Error	Beta		
1	(Constant)	6.696	1.447		4.626	.000
	High school	.021	.024	.087	.891	.374
	Bachelor's degree	-.190	.046	-.460	-4.130	.000
	Advanced or more	-.033	.050	-.087	-.667	.505
	Unemployment	-.016	.032	-.030	-.492	.623
	Income	-7.95E-006	.000	-.065	-.575	.566
a. Dependent Variable: Divorce Rate						

圖 23-5　迴歸分析

根據上述結果，與其他變數相比，學士學位是離婚率最重要的預測指標。學士學位的 T 值為最高的 4.130，其顯著性最低（.000）。這顯示離婚率受教育程度的影響，比受收入和失業率的影響更大。我們還使用神經網路來確認結果，結果發現神經網路產生的結果與迴歸相似。我們用 SPSS 決策樹模型進行進一步分析。

決策樹有助於更有效地辨識群體、發現群體之間的關係，並預測未來事件。它能顯示高度視覺化的分類，並能夠以直覺的方式呈現分類結果，因此可以向非技術性受眾解釋更清晰的分類分析。該模組為 IBM SPSS Statistics 環境中的分類提供了專門的決策樹構建方法。四種樹生長的演算法中包括了：

● CHAID：一種快速、統計、多路樹演算法，可快速有效地探索資料，並根據所需結果構建分段和側寫文件（profile）。

- **分類和迴歸樹（C&RT）**：一種完整的二元樹演算法，可對資料進行分區並產生準確的同質子集。

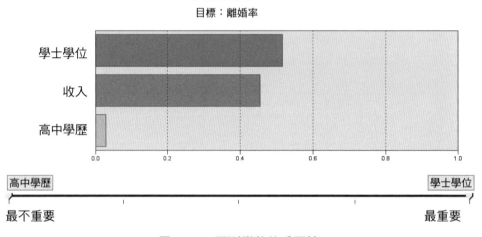

圖 23-6　預測變數的重要性

我們對整個資料執行 CHAID（卡方自動互動檢測），並觀察到學士學位具有最高的預測重要性，這與在所有其他結果中觀察到的結果一致，收入次之。我們觀察到三層的樹深度，收入為第一個分叉變數，為了簡單和方便理解，我們將其修剪為兩級。

第一次分叉	第二次分叉	結果
收入（美元）	教育	
1. 超過 40000	學士學位分為 1. 高 2. 中等 3. 低	學士學歷與離婚呈負相關。
2. 28000-40000 之間	高中學歷分為 1. 高 2. 中等 3. 低	高中學歷與離婚呈正相關。
3. 小於 28000	最高預測離婚率 （沒有進一步分叉）	

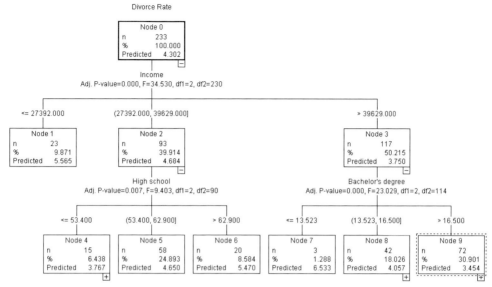

圖 23-7　CHAID 決策樹

這是一個非常有趣的觀察結果，在不同的教育水準中，最終預測的離婚率之高低，都是學士學位和高中學歷之間的差異。當我們對相同資料進行迴歸分析時，這一點得到了證明，因為迴歸模型方程式證明了這一點：

離婚率 = 高中 * 0.02134 + **學士** * **-0.19** + 碩士以上 * -0.03344 + 失業率 * -0.01579 + 收入 * -0.000007946 + 6.696

這顯示離婚與除高中學歷以外的所有變數均呈負相關。如果某些州的高中畢業生比例較高，正如美國 20 個中等收入州所觀察到的那樣，那麼離婚率就會很高（圖 23-5）。

與 CART 相比，執行 CHAID 更適合我們的分析，因為我們試圖在這裡解釋結果而不是預測。CHAID 預設使用多路分叉，這會導致更好的分段和更容易的解釋；而 CART 在預設情況下會進行二進制分叉。CHAID 使用預剪的概念，只有滿足顯著性標準時才會分叉節點；CART 則會長出一棵大樹，然後再將樹修剪成較小的版本。

因此，CHAID 試圖從一開始就防止過擬合（只有分叉才存在顯著關聯），而 CART 可能很容易就過擬合，除非樹被修剪回來。另一方面，這使得 CART

在樣本內和樣本外的性能優於 CHAID（對於特定的調整參數組合）。最重要的區別是 CHAID 中的分叉變數和分叉點選擇，不像 CART 中那樣強烈混淆。當樹用於預測時，這在很大程度上是無關緊要的，但是當樹用於解釋時，便是一個重要的問題。此外，如果我們執行 CART，它給出的結果與我們的其餘資料會略有出入，因為它認為以 48% 的比例來説碩士學位是最重要的。

然而，決策樹更容易理解，最終的相關性仍然成立，即高等教育導致離婚率降低。我們在第一次分叉時分為碩士學位和碩士學位。在第二層，對於高比例的碩士學位，我們分為高收入和中等收入水準。我們得出的結論是，如果此州擁有更高的學位比例和更高的收入，離婚率將非常低。但相比之下，中等收入水準的離婚率略高。另一方面，對於較低百分比的碩士學位，我們區分了學士教育的高百分比和低百分比。我們的結果再次得到證實，教育程度越高，離婚率越低。

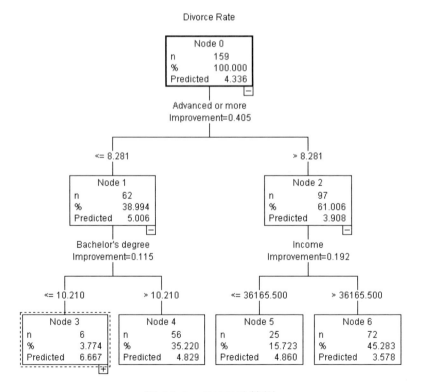

圖 23-9　CART 決策樹

結論 ·····

總結來説,我們的研究發現離婚風險具有很強的負梯度(negative gradient)。從資料中證實,社會經濟條件較好的州,如高等教育、高收入和低失業率,最終會導致較低的離婚率。相較於其他變數,影響離婚率最大的是美國的教育水準。完成四年制大學學位以上的人,離婚的機率比高中畢業生低。只完成高中並且沒有進一步升學的人,離婚的機率比較高。

對於美國教育與離婚之間出人意表的關係,應該要持續了解,以更加了解導致低端州集群在一起的條件。種族之間和國家之間的離婚狀況的進一步探討,對於評估家庭變化和分層過程之間的聯繫可能具有重要意義。

因此,現今的政府必須了解這些現象,設法降低大學的輟學人數。這些輟學者最終會導致社會失衡,因為他們退出婚姻並從事低收入工作,成為單親父母並傳給下一代,如此循環繼續下去。

「教育是最有力的武器,你可以用它來改變世界。」—— 納爾遜‧曼德拉。

局限性和未來的研究機會 ·····

研究的局限性:

- 使用的類別可能無法反映對當地的理解。

- 所使用的理論可能無法反映對當地的理解。

- 產生的知識可能過於抽象,無法直接應用於特定的當地情況、背景和個人。

- 產生的相關性(例如,成本和收益、性別以及獲得服務或收益之間的相關性)可能掩蓋或忽略根本原因或現實。

- 研究通常在非自然的人工環境中進行,因此可以對練習進行一定程度的控制。與現實世界的結果相反,這種水準的控制在現實世界中通常不會產生實驗室結果。

- 預設答案不一定反映人們對某個主題的真實感受，在某些情況下可能只是最接近的答案而已。

- 標準問題的發展通常會導致「結構性」偏見和錯誤呈現，其中資料實際上反映了群體而不是參與主體的觀點。

- 許多類型的資訊很難透過結構化資料收集工具來獲得的，尤其是關於家庭暴力或婚外關係等敏感話題的資訊。

- 通常沒有背景因素相關資訊可以協助解釋結果，或解釋具有類似的經濟和人口特徵的家庭之間的行為差異。

- 測試假設中的錯誤，可能會產生對計畫品質或影響因素的誤解。

未來研究的選擇：

- 變數可以在種族方面進一步劃分，例如西班牙裔、白人、亞裔和分析的趨勢。

- 根據各大洲特定或國家特定的資訊和比較來劃分變數。

- 潛在趨勢背後的原因有待探索。

研究結果與自我發展原則的關係 —————— •••••

正如我們從研究中所發現的結論，擁有學士及以上學歷的人，離婚率低於其他人。這一發現與意識的發展有關。在更高層次的意識中建立的行動，將毫不費力地產生更大的回報。我們擁有的知識和意識越多，我們所體驗到的創造能力和幸福感就越高。這有助於我們在婚姻和生活中做出更好的決定。

針對問題使用正確和適當的資料探勘工具和方法非常重要。從一開始，我們就必須使用正確的資料、清理資料並使用易於使用、易於理解且功能強大的工具，例如 IBM 的 SPSS Modeler。如果沒有這些步驟或指示，我們就無法獲得這些結果。潛水的原理與此不謀而合：以正確的角度深入研究資料，就會產生正確的結果。

關於作者

Anil K. Maheshwari 博士是美國愛荷華州費爾菲爾德市瑪赫西國際大學的管理學教授和資料分析 MBA 主任，負責教授資料分析、策略管理、領導力、市場行銷等課程。已經發表過的研究論文與書籍超過 25 篇，曾做過 30 多次大型會議報告，其研究成果發表在 *Creativity Research Journal*、*Humanistic Management Journal*、*Journal of Spirituality*、*Management and Religion*、*Family Business Review* 等學術期刊，還曾在**管理學院**、**資訊系統國際會議**、**全國教師大會**和其他主要會議上發表演講。著有十幾本關於方法、管理、靈性和社會企業家精神的書籍。擁有 20 年的 IT 界經驗，其中 9 年在位於德州奧斯汀的 IBM 擔任領導職務，此外，還擁有近 20 年的學術經驗，包括在辛辛那提大學、紐約市立大學、伊利諾伊大學等擔任教授。

他在德里的印度理工學院獲得電氣工程學士學位，在艾哈邁達巴德的印度管理學院獲得 MBA 學位，並獲得俄亥俄州克利夫蘭凱斯西儲大學管理學博士，同時擁有美國瑪赫西國際大學的吠陀文學閱讀碩士學位。他是先驗冥想（Transcendental Meditation™）和 TM-Sidhi 方法的實踐者。他在 2015 年獲得了夢寐以求的 Maharishi 獎，並在 anilmah.com 上主筆 Blissful Living 部落格。在 2006 年參加了馬拉松比賽。研討會／演講活動邀約請透過 akm2030@gmail.com 聯繫。

資料科學輕鬆學

作　　者：Anil Maheshwari
譯　　者：張雅芳
企劃編輯：莊吳行世
文字編輯：王雅雯
設計裝幀：張寶莉
發 行 人：廖文良

發 行 所：碁峰資訊股份有限公司
地　　址：台北市南港區三重路 66 號 7 樓之 6
電　　話：(02)2788-2408
傳　　真：(02)8192-4433
網　　站：www.gotop.com.tw
書　　號：ACD022200
版　　次：2022 年 08 月初版
建議售價：NT$480

國家圖書館出版品預行編目資料

資料科學輕鬆學 / Anil Maheshwari 原著；張雅芳譯. -- 初版. --
　臺北市：碁峰資訊, 2022.08
　　面；　公分
　譯自：Data analytics made accessible
　ISBN 978-626-324-286-9(平裝)
　1.CST：資料探勘
312.74　　　　　　　　　　　　　　　　　111012917